食菌记

ALL
ABOUT
MUSH-
ROOMS

柳开林———

著

北京联合出版公司

目录

前言：未来在过去之中

"在各种孤立无援和封闭的环境下，食物就变得更加重要，因为其他获得正常满足感的途径不再可用；通常孤立时间越长，食物就越重要。"

这段话出自人类学家、美国国家航空航天局（NASA）顾问杰克·斯塔斯特的《大胆奋进》，探讨的是未来飞向火星的过程中，地球上的食物对人类到底有多重要。经历过新冠疫情的人对这段话的感触可能尤为深刻，虽然新冠疫情导致的食物短缺情形不如火星之旅那么极端，但也非比寻常。人们突然发现，曾经每天习以为常的食品供应会变得如此紧张和困难。

我们以为的理当如此，实际上并不是事实的全部，比如朝九晚五的工作，又如持续增长的经济，再如永远可以获得的食物。在我看来，人们在小区绿化带摘野菜或者在阳台种菜，分别对应了人类发展过程中获取食物的不同方式和阶段：采集狩猎时代和大规模农业种植时代。

人类不大可能再回到自给自足和采集狩猎的蛮荒时代，但这是一个探讨人与食物关系的机会。这样的探讨帮助我们看清自己，看清过去，看清未来。食物的获取，是人类生存、繁衍和发展的基础。食物不但关乎健康和营养，也关乎人类社会的组织方式，关乎人与人之间的关系，关乎文化和历史，关乎未来。

回溯人类发展的历史长河，物质的充裕在很多时候都只是少数人或少数时间段的事情。尤其在农业生产之前的采集狩猎时代，食不果腹是常有的状态。现在如果要探寻那个时期的人类生存及生活状态，人类学家只能去世界上为数不多的原始部落，和那里的人同吃同住，比如像《枪炮、病菌与钢铁》的作者贾雷德·戴蒙德那样，或者像某个荒野求生的纪录片主角及导演那样。虽然目前在维系人类生存的三条主要食物链——产业化食物链、有机食物链以及采猎食物链中，采猎食物链所占的比重已经很小，但在千万年前，采猎是人类先民主要的生产方式及获取能量的方式。

其实，在中国的边陲之地，还存在人类食物采集时代的遗存，那就是对野生菌的采摘和食用。在这个大规模工业化、互联网化，甚至数字化盛行的时代，拾菌或采菌，除了是一项经济活动及休闲活动，更重要的意义在于——这一行为从人类学角度来看，可以说完全保留了狩猎采集时代人类的食物获取模式，而且可以肯定地说，几千年来几乎没有什么变化。因为野生菌的不可驯化，人们只能像远古人类那样，按照节令，按照时辰，早早出发，靠双手、双脚，以及头脑中关于野生菌的一切智慧，完成这一过程。

"雨季是山上最热闹的时代……下了一夜的雨，第二天太阳出来一蒸发，草间的菌子，俯拾即是：有的红如胭脂，青如青苔，褐如牛肝，白如蛋白，还有一种赭色的，放在水里立即变成靛蓝的颜色。我们望着对面的山上，人人踏着潮湿，在草丛里，树根处，低头寻找新鲜的菌子。这是一种热闹，人们在其中并不忘却自己，各人盯着各人眼前的世界。这景象，在七十年前也不会两样。"

冯至，这位中国著名的现代派诗人兼歌德作品翻译大家，以诗人独到的观察力和想象力，为我们描绘了这幅八十年前云南人拾菌的生动图景，文章题目是《一个消逝了的山村》，1942年写于昆明。他说，"这景象，在七十年前也不会两样"。当我开始写作本书的时候，八十年过去了，冯至曾经描述的景象，今天看来的确没有什么两样。我敢说，再过许多年也不会两样。

关于菌子的一切一直存在。遗憾的是，云南野生菌和围绕它生活的人们，直到很晚才进入汉语文字记录者的视野，确切地说是十五世纪初期，而且仅有寥寥数语。在那之后的几百年，任中原王朝变换更迭，野蛮与文明花落花开，野生菌子也只是作为珍稀药材或食材，进入部分药典或诗文，顶多进入一些野史和笔记，聊供茶余饭后的谈资。其背后一以系之的人们的生活和文化，从来就没有进入主流观察者的视野。

或许这也是其幸运之处。1943年2月，时任云南大学教授的费孝通前往大理讲学，途中与友人前往宾川县的佛教名山鸡足山游览，历经三日，回来后写下了著名的《鸡足朝山记》。费孝通说道："鸡足虽是名山圣地，幸亏地处偏僻，还能幸免于文人学士的作践，山石上既少题字，人民口头也还保留着一些素朴而不经的传说。这使鸡足山特别亲切近人，多少还带着边地少女所不缺的天真和妩媚。"这是八十年前，三十三岁的社会学家费孝通对大理宾川鸡足山的评价，我觉得很恰当，尤其是当我去过泰山、峨眉山，也去过鸡足山之后。

这个评价如果用在云南野生菌身上，也恰如其分。几乎很难被驯化的野生菌，在云南这片遥远而又神奇、绚丽的小宇宙（上下四方曰宇，往来古今曰宙），确实保留了很多天真可爱之处。云南市场上售卖的可食用野生菌约一百三十种，常见的有三十种左右，每一种都有独特的价值和魅力。借助数字时代几乎无成本的信息传递和电商物流的高效、便捷，今天的云南野生菌已经成为影响全国甚至全球的大产业，拥有无数粉丝和发烧友，但是关于云南菌子的历史和文化课题研究，还有很大空白。

云南人为什么喜欢说"菌子"而不说"蘑菇"？为什么鸡枞被现代文学大家汪曾祺誉为菌中之王，而名声更响亮的却是松茸和松露？为什么松茸和松露在中国古代史料和文献的记录里几乎是空白，却分别在日本和欧洲备受追捧？为什么见手青在社交媒体上有如此高的热度？随处可见、不甚好吃的灵芝为什么被古人不厌其烦地记载，并成为中国文化的重要元素？云南人不怎么待见的鹅膏菌，为什么在欧洲大受欢迎，甚至影响了历史的进程？美味又营养的菌子在古人的生活里是什么样子？我从小熟悉的菌子在中国以外地区人们的生活中扮演着什么角色？古往今来，有没有谁像我一样对以上这些问题深感好奇？……这些问号引导着我。

野生菌领域不缺乏野外指导手册，也不缺乏菌类学专著，但在专业学者和普通读者之间还有巨大的鸿沟。实际上，关于野生菌有很多流传甚广的误解。菌子世界可爱而多彩，对它的真实展现还有赖于更多人的努力。我并非真菌学科班出身，但我想，用讲故事的方式，秉持有用和有趣的宗旨，为菌子立传，为乡人立传，为时光立传，应该是一件很有意思的事情，至少于我而言如此。关于菌子的乡野记忆，是一笔重要的家族遗产，在更大范围内也是一笔重要的人类财富。这是一次对于记忆遗产的抢救性挖掘，如若不然，它们终将消散在时光里。

在我看来，菌子是自然的，也是文化的；是乡土的，也是城市的；是个体的，也是族群的；是中国的，也是欧洲的；是历史的，也是现实的；是真实的，也是想象的。围绕这六对关键词，我将从菌子的认知、菌子的采集和食用、菌子的历史文化这几个方面，分享和梳理它们的故事，以及我对于围绕在菌子周围的人们生活史的理解。

作为一个从小就熟悉菌子的爱好者所讲述的故事，本书既包含了我的个人生活经验，也涉及众多领域，包括历史学、文学、地理学、文献学、文字学、民俗学、人类学、真菌学等。哪个门类我都不是专家，但我独特的生活经验和志趣，加上我勉强过得去的写作能力和知识积累，让我决定尝试完成这个自我挑战。除了对家乡菌子的熟悉和热爱以及某种使命感，还因为我不想浪费生活中的每一次危机。

我希望赋予菌子更多的触感及细节，力图在更广阔的地域范围和时空跨度上，勾勒一幅多彩而立体的图景。这也是一次关于菌子历史文化的探索之旅，虽不自量力，但我的努力也许可以给更多的菌子爱好者带来些许启发和乐趣。在此，我想将一本虽然小众但很重要的著作——《蘑菇、俄国及历史》(*Mushrooms, Russia and History*)前言里的一句话送给大家："本书为喜爱蘑菇的人而生，亦如那些热爱野地里的花朵和天上飞鸟的人，他们爱着这个野蘑菇构成的多姿多彩的世界。"

未来包含在过去之中，现在居中。这个"现在"，是作者写下文字的时刻，也是读者读到文字的时刻。

识菌记

Part 1

01 菌子即文化

第一个吃菌子的人大概率死了。相比之下，第一个吃西红柿的人和第一个吃螃蟹的人，虽然英勇无二，却安全无虞。因为我们现在知道，西红柿和螃蟹，不但美味，而且吃不死人。而菌子（蘑菇）很多都是有毒的，甚至致命。

那人类为什么要吃菌子（蘑菇）？因为好吃啊！但这不是答案的全部。要是人类学家来回答，他大概会这样表述：人类不单吃菌子，还吃野果、野菜、野花，吃飞禽和走兽。因为在采集狩猎时代，为了填饱肚子活下去并繁衍族群，我们的先人只有这些选项。

后来，聪明的人类逐渐驯化了食物清单里的很多物种，这才有了我们今日的水果、蔬菜、粮食和家禽、家畜。人类也驯化了部分野生菌，主要是腐生类型的大型真菌，比如超市里常见的香菇、黑木耳、平菇、金针菇、杏鲍菇、双孢蘑菇、羊肚菌、竹荪等。然而，有很多种菌子至今无法被人类驯化（人工栽培），那就是被称为野生菌的品种（几乎所有的共生型菌根菌）。在云南，这些品种被称为菌子。菌子始终处在鄙视链的顶端，云南人几乎不怎么吃蘑菇。在他们的认知里，蘑菇等于人工菌，处于鄙视链的末端，是冬季菜谱里不得已的食材选项。

"芝、菌，皆气苗也。"（陈仁玉《菌谱》）古人认为菌子是草木之精所化（实际上菌子不是植物，而是真菌的子实体，只不过与草木共生或腐生），相信神农氏所尝的百草之中，就有菌子。神农尝百草（菌子）的样子，我可以想象得到。早上起来天刚蒙蒙亮，神农带着族人，上山寻找果腹之物。他手持一根木棍，拨开松树或栎树的叶子，看到了各式各样的菌子，他观察一下颜色，又闻了闻，感受是不是熟悉的味道；接着用手掰下一小块，看伤口颜色的变化，是不是变蓝；然后放进嘴里，用舌尖尝一下，味道是苦是辣，还是平淡无味。

这样的过程他烂熟于胸，因为他已经尝过千百次。对每一种菌子的判断，他都会告诉身边的族人——通常是妇女或小孩：什么样的菌子有毒，什么样的菌子可以食用。

我为什么知道这些？因为我小的时候，大人就是这么教会我采菌子的。口耳相传，言传身教，实地演练，我相信这是人类传递知识的朴素办法。在识别周围自然环境和野生动植物，包括成百上千种野外的菌子时，这种方法显得准确、有效。

对于古老的事物，如果关于它们的相关知识今天依然在用，那么大概率古人也具备同样的知识，拥有同样的认知。对此我深信不疑。这样的自信源于几年前我回老家上山采菌子的经历。自从上大学离开云南到北京生活十几年之后，我再次在那个夏天的8月，走进小时候采过无数次菌子的山林，我依然能识别出那些山间小精灵，仿佛回到了童年时代。各种各样的菌子出现在眼前，我觉得它们无比熟悉。

最常见的是青头菌和红菌子，它们的颜色在茂密的林间枯叶下或苔藓上非常显眼。运气好的话，会在沟涧边发现成片的奶浆菌，包括红色奶浆菌和白色奶浆菌，它们受伤后会流出白色的奶一样的汁液，捡起一朵，吹去浮土或杂草，放进嘴里，口感脆甜，香沁入脾。没错，奶浆菌可以生吃。绕过某个熟悉的山脊，在成片松树和栎树下的灌木草丛里，你会发现珍贵的、让人欣喜若狂的牛肝菌。牛肝菌是菌子中一类大家族的统称。它们擅长隐蔽自己，喜欢和茂密的杂草为伴。这增加了人类发现它们时的乐趣和满足感。

颜色红艳，像露珠般晶亮的，是水红牛肝菌；菌帽颜色暗红，菌柄浅黄的是红牛肝菌；帽子如黑缎子一般丝滑的是黑牛肝菌；还有白黄相间，长得有些像红牛肝菌的，是白葱牛肝菌。这四种牛肝菌的显著特征，是手碰过菌子后，其受伤的地方会变色，由青至蓝，所以对它们，我们有特殊的称呼——"××过"，分别是：水红过、红过、黑过、黄过。以上"四过"，就是坊间流传的见手青，生食或没做熟吃了会看见小人儿，俗称放电影。见手青的主要毒性，是致幻。每逢周围大胆的朋友想亲身试验放电影的效果，我都会送他们四个字：珍爱生命。见手青虽然有毒，但是毒性在高温（主要是爆炒）下会消解，因此它们是菌中美味之首。

帽子介于浅灰色和浅黑色之间的叫酸木碗，尝起来有点酸，是酸牛肝菌；帽子颜色及纹路如核桃壳，菌柄带网纹如丝袜的是白牛肝菌；菌子通体呈黄色，像虎皮黄一样的是黄牛肝菌，我们给它取的名字很霸气，叫香老虎，因为它有股奇异的香味，老远就能闻到。后三种牛肝菌，用手碰过的地方不会变色，是无毒的，所以它们没有"××过"的别称。

我用短短的四百多字，描述了七种牛肝菌。如果仅靠阅读，是很难掌握其相关知识的。设想一下，第一次读到这段文字的你，正站在山林间，有多大把握能准确识别这七种菌子，并且确定无疑地捡回去，做成一大盘珍馐美味，大快朵颐？我估计把握不到一成。

面对种类繁杂、数量庞大的物种，老家的祖辈人采取了一种讨巧的命名方式：颜色＋性状＋味道的排列组合。这是不是先人的一种智慧？相比而言，北方蘑菇的命名，就比较简单，比如口蘑（自张家口而来的蘑菇）、榛蘑（榛树下的蘑菇）。来自甘肃的师弟，说老家有一种紫蘑，是紫色的。我问他紫蘑的形状和气味是什么样子，因为我听到这个名字，无法想象这种菌子除颜色之外的特征。蘑菇分类专家和大型真菌学家不会采用这样的分类和命名方式。因为这是两种知识体系，各有各的适用场景和使命。

不用请教科研机构里的野生菌专家，也不用掏出手机拍照识菌，我对什么样的菌子能吃、什么样的有毒，成竹在胸。这样的知识印记太深刻了。相反，我已经不记得几个物理或数学公式，考研时背的英文单词，也忘了大半。"新几内亚的原始族群，他们认识几百种当地的植物和动物，知道每一种是否可以食用、它的药用价值和其他用途。"贾雷德·戴蒙德在他极具影响力的著作《枪炮、病菌与钢铁》中的记述，让我更加理解并坚信：记住这些知识，是早期人类必备的生存技能。

每种菌子的知识——它们的生长环境（喜欢在什么地方出没）、颜色、味道和形状，有毒与否、能否食用，采集要点、如何清洗，还有烹饪方法和口感特点，简直就是一本小百科，几百上千种菌子就是一部大部头的百科全书。云南食用野生菌约九百种，占全球44.1%，占全国91.3%，这部百科全书肯定还要包含不可食用的几百种。

我大脑中关于菌子的知识谱系，是从童年开始的十几年间，经由长辈以神农氏向族人言传身教的方式，于不知不觉中建立起来的。一切的原动力，来自菌子带给我的美妙味觉记忆。这些美妙记忆，强化了这个知识谱系传递和建立的过程。直到有一天，我意识到这一切。

后来我发现，我关于菌子的个体经验，其实是人类的普遍经验。著名民族真菌学家瓦莲京娜·帕夫洛夫娜·沃森从小在莫斯科长大，还在襁褓中时，她母亲就给她唱蘑菇民谣，教给她蘑菇的知识以及如何采蘑菇，就像所有的俄罗斯母亲那样。在她与丈夫合著的《蘑菇、俄国及历史》的第一章里，她这样写道："所有的俄罗斯人都知道蘑菇，不是像真菌学家那样通过研究，而是作为我们古老遗产的一部分，用我们母亲的乳汁浸泡着。"在她看来，俄罗斯人对蘑菇家族的喜爱，是斯拉夫民族一个独特而重要的特征，这种知识谱系的传递，甚至塑造了俄罗斯人的性格。

营养及美味，是人类从自然万物中选择一种食物的最初理由，而营养丰富的食物，必然能带来某一方面或某几方面的味觉满足。能带给人类充分味觉满足的，无非三种物质——糖、蛋白质、脂肪，因为它们提供了生命所需的能量，是供能物质。糖对应甜味，蛋白质对应鲜味，脂肪对应香味。这是人类进化过程中不断选择的结果，也是现代营养学的研究结论。营养又美味，我相信这是菌子很早就进入人类食谱的原因。

然而从现代人的角度来看，菌子的供能效率极低。根据昆明食

《林中拾菌》(*Mushroom Picking in a Forest*)，德国画家路易斯·杜泽特（Louis Douzette，1834—1924 年）绘

用菌研究所的一份报告，新鲜牛肝菌的营养成分中，84% ～ 87%是水，蛋白质占5%左右，脂肪和糖各占3%左右，矿物质占1%左右。每100克鲜牛肝菌，只能提供三四十千卡（kcal）的能量。而上山采摘100克的牛肝菌（四五朵青壮年阶段的菌子），要花费很多能量，可能10倍都不止。从这个角度来说，吃蘑菇减肥，因为低脂低卡；采蘑菇更减肥，因为翻山越岭需要消耗极大的体力。

第一个吃菌子的人当然不知道这些营养和能量的知识，他只会觉得菌子吃起来鲜美无比，就像我小时候第一次吃到炒菌子时的感觉一样。菌子的美味是因为野生菌中独特的风味物质。这些物质大部分源于菌类所含蛋白质分解的氨基酸，其中天门冬氨酸与合成味精的谷氨酸是一类。据研究，野生菌的鲜味物质含量是人工种植蘑菇的2 ～ 6倍，这也是对云南人蘑菇鄙视链的最佳注解。当然，菌子的美味所依赖的风味物质，不仅仅是氨基酸。营养学可以解释食物美味的来源之一，却不能解释全部。菌子的美味，在我看来是一场人类味觉与自然、历史、文化以及期待和回忆的合谋与共振。

"美食，向来都是连接我们彼此的纽带，是我们与大自然沟通的一部分。我们对美食的追求改变了我们的感官进化。我们每天对食物的挑选、准备和食用，是建立自我认知、关系和喜好的基础。"[《连线》杂志2020年2月专题文章《去往火星的路上，我们吃什么》（What We'll Eat on the Journey to Mars）] 当我读到上面这段话的时候，一下就被击中了。更重要的是文化，饮食即文化。

鸡枞，柳开林摄（云南楚雄）

02 颜色的故事

"红伞伞，白杆杆，吃完一起躺板板。"云南一首地方曲调方言版的毒蘑菇教育科普作品，在短视频平台上突然走红，从北京的互联网人，到我老家的五岁小侄子，居然都会唱——虽然他还没采过蘑菇。越是颜色鲜艳的菌子越有毒 [如代表致幻毒蘑菇的经典形象毒蝇鹅膏菌（*Amanita muscaria*）]，好像已经成为某种程度的共识。这种共识伴随着这首红遍全网的曲子，恐怕已经成为"真理"。

鲜艳的颜色在自然界对生物具有非同凡响的意义。雄孔雀漂亮的尾巴，是为了在求偶时获得优势。雄鸳鸯浑身长满七彩的羽毛，也是基于同样的策略。某些有剧毒的昆虫，会用鲜艳的警戒色告诉别人，千万别吃我——我有毒。比如，我小时候经常见到的一种马蜂，肚子上就有鲜艳的黄色条纹。这种马蜂的刺剧毒无比，据说能蜇死一头水牛。

鲜艳的颜色，肯定不是毒菌子的警戒色。因为菌子不会聪明到能提防动物或人类来吃它。菌子的颜色与很多因素都有关系，比如温度和辐射。不过，鲜艳与否和菌子是否有毒，没有必然联系。更何况，有毒的菌子未必都不能吃。比如，牛肝菌家族里的几种见手青（没做熟会致幻），又如榛蘑（蜜环菌，对某些人有微毒）。

通过颜色来辨别野生生物，并将颜色与可食用性建立联结，是人类建立认知的普遍路径，尤其是在分子生物学等检验手段不可得的古代。

"青、黄、赤、白、黑五色菌可食。五菌之外，其色必杂色，必须种种审明，方可采用。倘毫厘有差，误伤性命，切宜慎之。""盖菌之种类甚多，不能尽述。五色诸菌外，复有反黄、反青、反白、反黑、反赤诸菌，不可食。""外有一种番肠菌，其形与见手青无异，采来撅开，亦系见手即为青黑，但其味苦麻，若误食之，肚腹定为疼痛。"

以上几段话出自《滇南本草》（滇南即云南，不是云南南部的意思）。大意是说，青色、黄色、红色、白色、黑色的菌子是可以食用的，其他颜色的都要慎重（当然，这样的说法是不严谨的）。作者在介绍"番肠菌"这种毒菌的时候，提到了见手青"采来撅开……见手即为青黑"的特征。根据描述，"番肠菌"大概率是有毒新牛肝菌/毒牛肝，可以导致严重肠胃炎，所谓翻肠倒胃［其毒性类似欧洲常见的撒旦牛肝菌（*Boletus satanas*）］。

《滇南本草》成书于1436年，比另一本家喻户晓的巨著——李时珍的《本草纲目》还要早一百多年，是一本很重要的药物学著作，作者名叫兰茂。

兰茂在《滇南本草》中收录了二十多种野生菌，包括灵芝、青头菌、牛肝菌、鸡油菌、笤帚菌（珊瑚菌）、羊脂菌（白奶浆菌或辣味多汁乳菇）、胭脂

有毒新牛肝菌，杨祝良摄

菌（大红菌）、天花蕈（香杏丽蘑）等。牛肝菌的名称最早出现在《滇南本草》中，因其貌如牛肝，肥厚，色呈深褐色而得名。兰茂记录的"番肠菌"，是第一种被记录在文献中的有毒牛肝菌。他还在书中以"见手青"描述了牛肝菌受伤后变色的现象。这是五百多年前云南采菌人和食菌人的认知通过兰茂著作留下的记录。在我看来，这样的记录尤为可贵。在真菌学界，兰茂的名字与红葱菌，即红见手青/红牛肝菌紧密联系在一起——2016年，红牛肝菌被命名为兰茂牛肝菌。

这一命名的举动背后，自有其历史意义。明代以前，云南在主

流知识和文化体系里是个另类的存在，是一个神秘而遥远的地方。史料和文字里对云南人情风物的描述，主要是彩云之南和化外之境。原因是它一直处于中国主流文化的边缘，虽然秦汉时期已经在云南地区设置郡县，但中央政府对少数民族地区的治理，实行的是半自治的羁縻之制。羁縻是比喻，本义指牵引牛马的笼和络。司马迁在《史记·司马相如列传》中说："盖闻天子之于夷狄也，其义羁縻勿绝而已。"意思是说，中央王朝对周边少数民族的管理，就像管理牛马一样，以绳子牵引，而非直接统治。既然是羁縻，当中原政权力弱的时候，这些地方就会脱缰而去，自治甚至自立。

加之山高路阻，从先秦到元代，长期以来云南的实际主政者，多数时候是少数民族。南诏时期（中原对应是唐朝）是彝族或白族，大理国时期（中原对应是五代至宋）是白族，作为政权与唐宋是并立关系。大理国被纳入元朝的版图后，云南的政治中心才从大理转移到了昆明（两地相距三百多公里，我的老家楚雄居中）。虽然纳入了大一统版图，但中原统治者是蒙古人，而云南行省的平章政事（最高行政长官）赛典赤·赡思丁则是一个来自今中亚乌兹别克斯坦的色目回族人。"云南行省"这一称呼取代"大理国"，始于元朝。明初洪武十四年（1381年），朱元璋派大将傅友德及蓝玉、沐英率三十万大军平定云南，稳定西南边疆，后又封义子沐英为黔国公，世守云南。朱元璋为"以夏变夷"巩固版图，明初各地向云南大量移民，其数量据学者考证达数十万。云南的汉族，包括我在内，大部分都是那个时代军屯移民的后代。《滇南本草》作者兰茂的父亲，就是随大将军蓝玉平定云南的三十万大军中的一员。

明初移民政策的结果，极大地改变了云南人口的数量和结构。移民的结果是，在云南汉族成为主导。也就是说，从明代开始，云南这片神奇的热土，有了更多的见证者和记录者，其中就有兰茂。

有必要对我的这个了不起的老乡做一番介绍，因为他是第一批记录云南野生菌，且来自中原主流文化体系的汉人知识分子。他既是教书的先生，本身也是一个开馆收徒的郎中，年轻时因母病，便留心医学，又因酷好本草，从二十岁开始走遍云南，访草问药，终于著成《滇南本草》。

兰茂出生及生活的地方嵩明，现在已划归昆明市，正好离云南野生菌的主产区——我的老家楚雄很近。从昆明到楚雄不到二百公里，明初交通虽然不如今天便利，但以兰茂足足二十年的游历时间来衡量，实在算不上远。虽然无从得知他是否上山采过菌子，但他的菌子知识，我想定然来自上山拾菌的乡民，其中很多可能是彝族、白族等少数民族。少数民族是采菌子的好手。我小时候就曾经和三姨一起，到大山的彝族寨子里去收购菌子。

从兰茂开始，云南本土的书写者开始留下更多关于菌子的记录。在兰茂的著作里，美味菌子的主要价值在于治病。这个认知逻辑和稍晚于他的李时珍一致。成书于1578年的《本草纲目》收录了包括鸡㙡在内的十几种野生菌，详细记录了每种菌类的历史渊源，以及各自的功用和疗效。

兰茂在《滇南本草》中说"青、黄、赤、白、黑五色菌可食"，这样的认知，和今天人们普遍相信的"颜色越鲜艳的蘑菇越有毒"恰恰相反。但是两者逻辑上都有相同的错误，那就是意图用归纳法得出相对接近本质的结论。今天人们可以说，兰茂对菌子颜色与有毒与否对应关系的总结概括，肯定不是全然准确的，但在那个年代，这样的知识总结可能指导并帮助了很多人。以青、黄、赤、白、黑五色来给可食用的菌子归类，在一定范围内，有助于他的医馆学徒快速掌握相关知识，更便于菌子知识的传播。尤其他着力强调，"必须种种审明，方可采用。倘毫厘有差，误伤性命，切宜慎之"。这句话放在今天，依然正确、有力度。

如果按照他的认知方法给我熟悉的菌子排序，青色

桂花耳近缘种，柳开林摄（云南楚雄）

家族的头牌非青头菌莫属，常见又好吃。第二名是铜绿菌（红汁乳菇），又称谷熟菌，菌帽上长着一圈圈的浅绿色，如铜生了锈一般。形状与青头菌类似的母赭青（蓝黄红菇），也是极好吃的。青色家族的三个选手，都有种小家碧玉的感觉，口感爽脆，香味清新，而且在深林里平易近人。

黄色家族的第一名是黄牛肝菌，即香老虎，名字和味道都很霸气。作为牛肝菌家族的另类，它的外形和香气都像乔峰的风格，实力外露，可以长到云南饭馆里吃过桥米线的大碗那么大。第二名是鸡油菌，身形娇小连成一片，却格外引人注目，用来炒饭极佳。第三名是虽然身形极小但极漂亮的桂花耳。

罗浮红菇（*Russula luofuensis*），**杨祺摄**

在我的经验里，赤色家族几种鲜艳的菌子，极具视觉冲击力。排名第一的是水红牛肝菌和红牛肝菌，出场惊艳，口感香滑，是牛肝菌家族的头牌当家。红牛肝菌的中文正式名又叫兰茂牛肝菌，正是为了纪念兰茂其人。第二名我留给大红菌（红菇），它们从不吝啬，一会儿就能装满你的背篓，煮熟之后口感香甜、悠长。排在之后的是红色奶浆菌，生熟皆宜。

白色家族，首选白牛肝菌，是这个家族与红牛肝菌旗鼓相当的实力对手，菌腿以网纹著称，数量上也不逊色。老人头菌，俗称剥皮菌，口感肉实，个头巨大，找到一朵可能是一片。白色奶浆菌类似红色奶浆菌。不过，云彩菌（干巴菌）才是白色家族的世外天仙，好比《倚天屠龙记》里的黄衫女子：轻易不现身，一现身则惊为天人。每当我走运在林中发现它们的时候，云彩菌就像绿色草地上若隐若现的白云。其筋道的口感和持久的香气，能让人三个月不知肉味。

黑色家族，第一名必须是黑牛肝菌，它通体长着褐色的缎面，爆炒之后的味道胜过其他牛肝菌。它就像《多情剑客无情剑》里的阿飞，特立独行，冷酷多情却又武艺超群。黑色家族还有虎掌菌和松塔牛肝菌，后者在我们老家被称为猫爪爪。火炭菌——稀褶黑菇排第三，数量巨大，口感香脆。黑松露和松茸也属于黑色家族，去西餐厅里点过这俩的都知道——菌中"爱马仕"：高贵大气，有档次，内力深厚雄浑。但这俩仿佛世外高手，在很长一段时间内都不在主流菌子界的视野之内，有如扫地僧的地位。它们的故事，将在后文另说。

亚靛蓝乳菇

无法按以上颜色归类而又美味可食用的菌子还有很多，包括紫皮条菌（紫蜡蘑）、珊瑚菌（长得像珊瑚，颜色多样）、喇叭菌（像一朵朵小喇叭）、亚靛蓝乳菇、紫丁香蘑等。

特别值得一提的是鸡枞。在我的认知里，鸡枞和菌子是并列的存在，

紫丁香蘑

也就是说，我们不把它当作菌子看待。其地位，相当于唐诗中"孤篇横绝"的《春江花月夜》，又好比天山逍遥派，凭强大的实力自成江湖，足以独立成篇。

颜色多样的菌子，是绚丽万千、神奇多变的大自然的一部分，也是造物主的杰作。就人类认知世界的角度而言，视觉是我们多数时候使用的第一个武器。走入山林，走入菌子的世界，我们首先依靠的就是视觉，然后才是其他知识判断。我们既不能先入为主，也不能弃置不用。我们需要做的，是不断总结和努力，建立颜色和菌子之间的正确关联。

03 汤菌还是炒菌

　　大部分古籍记载的吃菌方式，菌子基本都是作为配菜或调味料。然而在云南的食菌季节，菌子是作为主菜存在的，这与云南菌子种类丰富、产量巨大有关。小时候，每次上山，通常会采到十几种菌子，包括前面提到的大部分。回家分拣之后，就面临一个问题：是炒着吃还是煮着吃？

　　我相信大部分喜欢吃菌子的人，都没有遇到过这个问题，也没有思考过这个问题。在我的记忆里，煮或者炒，恰恰也是菌子分类的一种逻辑。兰茂以青、黄、赤、白、黑给菌子分类的逻辑，是在野外采菌子的场景下识别有毒与否的方法，可以理解为是个科学问题。而以煮或炒来给菌子分类，是在厨房加工的场景下，是个手艺或艺术问题。

　　厨艺与食材特性的对应关系，体现出来就是汤菌和炒菌的区别。哪些宜汤，哪些宜炒，对于讲究的吃菌家庭和厨房掌勺人来说，是有泾渭分明的界线的。否则做出来的菌子，会被认为不好吃，也会被认为是浪费食材，可惜了好菌子。

　　比如各种"过菌"，也就是牛肝菌类，我很少见过煮而食之的，通常都是爆炒。因为牛肝菌加热以后会缩小，所以锅里不用加水，也可以炒出黏稠的汤汁。牛肝菌的美味和精髓，就在于这些汤汁。如果用煮的方式，这些汤汁就会被大大稀释，失去了香滑肥腴的口感。

　　北京有不少知名的云南菜餐厅，我也点过炒牛肝菌，十几片菌肉夹杂在青椒之间，味道虽然尚可，但从来没有吃出黏稠汤汁的感

一筐子"汤菌"，泡泡的梦想家园摄（云南楚雄）

觉。因为食材太珍贵，要炒出我在老家吃过的那种感觉，需要很多原材料，估计要奔着好几百一盘来卖。

如果在山上遇到采菌的邻居或熟人，关系好的就会互相看一下彼此的箩筐。如果看到你的箩筐里诸如牛肝菌之类的菌子数量很可观，对方会羡慕地说一句："厉害呢嘛，找到不少炒菌！"从这样一句寒暄，可以看出炒菌在菌子家族中的地位是比较高的。除了口感本身，比较难找到是另一个原因。

由此可以推知：老人头菌、云彩菌这两个珍贵的品种，也是宜炒不宜煮的。

而青头菌、大红菌、奶浆菌、鸡油菌、谷熟菌、皮条菌、火炭菌、虎掌菌、珊瑚菌之类，既可以炒也可以煮，但更适合煮来吃，所以在我的老家，它们被归到了汤菌的范围里。这个门类的一大特点是，新鲜的菌子，菌褶容易碎，不耐储存，更不用说长途运输了。采菌新手，或者在山间身手不够稳健，稍有不慎就会摔倒，然后就发现箩筐里的炒菌碎成了渣渣，让人不由得发出一声叹息！汤菌虽然不够金贵，但如果在山上，你的箩筐里满满都是各种汤菌，也没什么可遗憾的。毕竟汤菌大杂烩的味道，炒牛肝菌也替代不了。

汤菌中，我最喜欢的是煮大红菌。大红菌在山林间，顶起一片片枯叶和杂草，隔着老远就能看到它的身影。采回家来，简单洗净，掰成小块，切几片腊肉，舀一勺猪油，放几瓣蒜、几个干辣椒，爆炒几下，倒入半锅水煮沸，一锅鲜香四溢、汤色红亮的美味就成了。尝一口，鲜甜无比。

鸡枞和松茸，这两个是厨房里的另类，爆炒或做汤，都能做出独具特色的口感及风味。云南火腿爆炒鸡枞，能释放鸡枞的氨基酸物质，鲜嫩无比；鸡枞烧汤，放点青辣椒丝，香甜的汤汁带着鲜辣，其甜香更胜过煮大红菌。香煎松茸、爆炒松茸，也是鲜得一塌糊涂；松茸炖鸡汤，那浓郁的香味能带入睡梦。菌中极品不是浪得虚名，因为它俩最不考验厨艺，怎么做都好吃。而且鸡枞和松茸都没有毒，生食的口感也俱佳。顶级的食材，只需要最简单的烹饪方式。

松露的故事，和其他菌子不同。在云南，它一直是非主流。长期以来，它的主场实际上在欧洲。我对松露的认知很晚才建立，而且仅限于如何吃它。我喜欢的吃法是西班牙火腿卷黑松露切片，动物氨基酸和菌类氨基酸在口腔里猛烈交锋，大道至简就是这样。

松露黑乎乎的一坨，其貌不扬，完全颠覆了我们对菌子认知的经典形象：各种美丽的小伞。但是松露奇香无比，如果不是要吃它，把它归入檀香之类的香料大家族，其实也可以。松露对厨艺几乎没有要求，切片生食、白嘴吃都很好；或者炖汤，在汤七八成熟的时候，加入几片，有画龙点睛之效。唯一要谨记的是，松露不耐高温，所以起锅之前放最合适，下锅太早就废了。

从山野到厨房，菌子被归入不同的流派，它们在厨房的身份，可能反过来决定了菌子在山上的地位高低和被取舍的程度。松露在中国的食单上长期缺席，但在欧洲，它两千多年来都被奉为餐桌钻石；松茸在日本餐桌上"封神"，在云南却长期被认为有股药味，不好吃。前者在云南彝族和藏族地区被称为"猪拱菌"，后者被称为"药鸡𡎜"，连个像样的名字都没有。

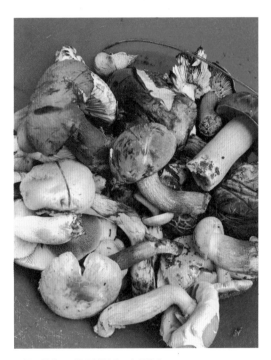

一桶"炒菌"，柳开林摄（云南楚雄）

然而我想，在最初的时代，比如采集狩猎时代，汤之美对菌子身份及地位的定义，可能要让位于熊熊的火塘。毕竟好几种没有毒的菌子，烤一烤也非常好吃，比如青头菌，就很适合在火上烤熟之后蘸点盐巴来吃。

汤菌与炒菌的分别，其实很晚才出现。在此之前，云南菌子首先进入的是药谱。兰茂的《滇南本草》和李时珍的《本草纲目》，都是这么对待野生菌的。比如，兰茂写道，牛肝菌"主治清热解烦，养血和中"，李时珍则认为鸡枞"甘，平，无毒""益胃，清神，治痔"。吃了几十年鸡枞，我才知道它能治痔疮。松茸在日本的走俏，据说也是因为可以抗癌。

药用真菌在中国的历史和中医一样悠久，比如灵芝、冬虫夏草、茯苓，就经常出现在中药方子里。灵芝的功效被人类演绎得更

网盖牛肝菌，王庚申摄

为传奇。灵芝仙草的故事，我从小就熟悉，白娘子盗草（古人认为真菌属于植物，灵芝是一种草）救许仙，是京剧的经典剧目。药用真菌学在现代已经是一门学科，现在的药用大型真菌，包括实验有效的种类已经达到五百多种。科学家在二百五十多种大型真菌中发现了真菌多糖，具有抗肿瘤活性，可以增强人体免疫力；在一些毒蘑菇，如毒鹅膏菌中，发现了可以抑制癌细胞的物质，简直是以毒攻毒。

菌子美味，采菌子可以减肥健体，常吃菌子还可以延年益寿。我又多了一个每年夏天回老家采菌子、吃菌子的充分理由。

04 菌子还是蘑菇

　　我刚上大学的时候，宿舍同学多数是北方人。作为一个突然进入北方人生活圈的云南人，我自然属于少数派。那时，我们经常争论的话题是：平菇和香菇到底能不能代表蘑菇？云南的野生菌，到底应该属于蘑菇还是和蘑菇并列？

　　北方同学坚持认为野生菌属于蘑菇，我则不敢苟同：蘑菇也配和菌子相提并论？因为在我的成长经验里，大多数时候只有菌子，没有蘑菇。日常生活中，云南人只说吃"菌（jùn）子"，几乎不说"蘑菇"。我所认知的蘑菇概念，仅限于平菇、香菇等人工栽培的品类。蘑菇和菌子，就不是一种东西。

三种常见的人工菌：桃红侧耳、糙皮侧耳（平菇）、金顶侧耳（榆黄蘑）

　　　　真正的云南人是不会用蘑菇来称呼他们的心头爱的，"菌""菌子"才是云南人对所有野生蘑菇的称呼。蘑菇和菌的差别，也意味着云南人和外省人的差别。所有人工栽培的菌在云南人眼里根本就不值一提，"那也能叫菌？"

　　这段话出自2018年《中国国家地理》杂志上一篇介绍云南野生菌的文章，作者所言真是令我感同身受。可惜我上大学那会儿，《中国国家地理》杂志还没有太多关注云南野生的菌子。否则，我可以把这篇文章甩给北方的同学。

要讨论关于某个事物的认知，只关注现在是不够的，还需要把视角移到源头，去研究更早的人是如何描述和记录该事物的。幸好中国很早以前就有文字记录。查阅《古今图书集成·草木典·菌部》，可以看到自先秦以来中国典籍里对菌类的记载和解释。

成书于战国时期的《庄子·逍遥游》，很早就描述了某种生命短暂的菌子："朝菌不知晦朔，蟪蛄不知春秋。"《吕氏春秋》里记载"和之美者……越骆之菌"，"和"乃调和之意，指调味品；"越骆"指骆越国——先秦时期位于广西一带的少数民族古国。越骆之菌作为美味的调料，已经征服了秦国贵族的肠胃（也有学者考证"越骆之菌"指竹笋，可备一说）。

中国最早的字典，成书于战国时期的《尔雅·释草》篇，记录了"中馗菌"。说是字典，其实《尔雅》分门别类地记载了大量动植物知识，初步形成了"草木虫鱼鸟兽"的古代动植物分类体系，是后人学习和研究动植物的重要典籍。

《尔雅》这本书太过古老，到了晋朝，很多人已经看不懂了。东晋有个博学的人物叫郭璞，给《尔雅》做了注释，以下就是他对"中馗菌"和"小者菌"的解释——

> 中馗，菌：地蕈（xùn）也，似盖。今江东（江南）人呼为土菌，亦曰馗厨，可啖之（食用）。小者菌，大小异名。

北宋的邢昺进一步解释说，菌这个物种，长大了叫中馗，小的时候叫菌（菌在古语中有"小"的意思）。那么，中馗是什么菌子呢？《本草纲目》考证，中馗菌就是钟馗菌，因为样子像道教神仙钟馗的帽子，所以有了这个名字。钟馗菌亦名獐头菌（香獐背有暗褐斑点，有奇香，故名獐子菌、獐头菌），就是今天的虎掌菌。所以说，《尔雅》记载的"菌"指的是虎掌菌。

《尔雅》记载了菌这个物种，而汉代许慎《说文解字·艸部》则如此解释："菌，地蕈也；从艸（艹），囷（qūn）声，渠殒切（切，古代汉语的注音方式；渠殒切，即渠的声母+殒的韵母，构成菌的读音）。"囷指的是古代一种圆形的谷仓，表示菌子的形象如谷仓一样。

为了进一步解释，邢昺引用《说文解字》说："蕈，桑䕄（ruǎn）也，谓菌生木上也。今云地蕈，即俗呼地菌者是也。"那么䕄又是什么？成书于北魏时期的《齐民要术》解释了：䕄，木耳也。由此可以看出古人造字之妙：长在木头上的称为"蕈"，长在地上的称为"菌"，柔软的耳类称为"䕄"，带有香味的称为"芝"。这是古人对于不同菌类的描述。

隋代的巢元方在《诸病源候论》里解释："蕈菌等物，皆是草木变化所生。出于树者为蕈，生于地者为菌，并是郁蒸湿气变化所生。"虽然蕈和菌所指不同，但在历代的文献中，蕈、菌基本同义，等同于现代学科意义上的大型真菌。中国古代文献中经常蕈菌并用，并且逐渐形成了以"菌子"称呼大型真菌的传统。唐末韩鄂所著的《四时纂要》最早记载了人工栽培菌子的方法——"三月种菌子"。由此可见，"菌子"的说法古已有之。即便在菌子开始人工栽培的唐代，人工菌也还是叫"菌子"。

到了南宋，1245年，有个叫陈仁玉的人，为自己家乡台州（今浙江台州仙居）出产的菌子，写了一部叫《菌谱》的书，为菌子立传。陈仁玉的同时代人周密在其笔记体史书《癸辛杂识》中解释了陈仁玉写作的初衷："天台所出桐蕈，味极珍……是南宋时台州之菌为食单所重，故仁玉此谱备述其土产之名品。"《菌谱》是世界上首部食用菌专著，陈仁玉因此开创了一个门类。

在《菌谱》中，陈仁玉提到了一种菌子——"麦蕈"，他说麦蕈吃起来像北方的摩菇（蘑菇）蕈，而且长在沙土中。这是"蘑菇"一词时间较早的文献记载，但已经到了南宋时期。而且它总是伴随着另一种北方菌子：天花蕈。

与陈仁玉同时代的南宋诗人邵桂子，曾有"雁门天花，黄河蘑菇"之句。周密另一本笔记体著作《武林旧事》，记载了宋高宗赵构（杀岳飞的就是他）退休后，养子宋孝宗给他过生日，他也回赠给孝宗一些时令美食，包括天花、蘑菇、蜜煎（饯）等。天花蕈是五台山出产的知名菌子，总是与蘑菇并列出现在古代诗文中。

到了元代，蘑菇被记载的频次多了起来。元代诗人胡助的《宿牛群头》中出现了"蘑菇"："荞麦花开（8—9月）草木枯，沙头雨过茁蘑菇。牧童拾得满筐子，卖与行人供晚厨。"另一位元朝诗人许有壬，在著名的《上京十咏》中写了上京（上都，今内蒙古锡林郭勒盟闪电河畔）的十种美食，其中一首专写"沙菌"："牛羊膏润足，物产借英华。帐脚骈遮地，钉头怒戴沙。"沙菌喜欢生长在"车帐卓歇之地"，因为有牛、羊粪肥的滋养，夏秋则环绕其迹而出。结合地理位置来看，许有壬描述的沙菌，与同时期的胡助所写"沙头雨过茁蘑菇"基本一致。胡助诗中的牛群头驿是元朝的重要驿站，在今张家口市以北沽源县，隶属于张家口市，正是口蘑的产区。沙菌就是蘑菇，也喜欢长在沙地里，所以陈仁玉才会在《菌谱》中将其与生长在溪边沙土中的麦蕈类比。

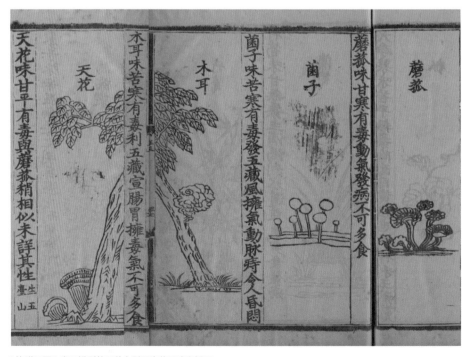

《饮膳正要》卷三提到的四种大型野生菌及珍贵插图

这些记载表明，元代前后，"蘑菇蕈"已经被广泛认知，但专指某种北方野生菌，而且经常与知名的五台山天花蕈一起出现在古诗文中。元代宫廷饮膳太医忽思慧于1320—1330年所著的《饮膳正要》是一部重要的著作，其中卷三"菜品"收录了四种大型真菌：蘑菇、菌子、木耳和天花。元末明初人史迁《菌子诗追和杨廷秀韵》一诗有"媄姑（蘑菇）天花当拱揖"的句子，依然是两者并列。天花蕈即香杏丽蘑，蘑菇即蒙古白丽磨。

天花蕈（香杏丽蘑）

"蘑菇"一词如果出现在中原地区，指的则是鸡腿菇。《本草纲目》中也出现了"蘑菰蕈"的介绍："蘑菰蕈出山东、淮北诸处。埋桑、楮诸木于土中，浇以米泔，待菰生，采之。长二三寸，本小末大，白色柔软，其中空虚，状如未开玉簪花。俗名鸡腿蘑菰，谓其味如鸡也。"

蘑菇（蒙古白丽磨/沙菌），图力古尔摄

其中"媄姑""蘑菰"和"蘑菇"二字不同，所指对象及范围也不同。菌柄小，菌伞大，白白软软的，样子长得像还没开的玉簪花，吃起来像鸡腿肉。根据以上描述，我找来玉簪花的照片反复对比，发现李时珍记录的蘑菰蕈很可能就是今天的鸡腿菇（毛头鬼伞），"媄姑"是其另一种写法。蘑菰蕈也是北魏末年贾思勰《齐民要术》所记载的"菰菌"和"地鸡"："菌，一名地鸡。口未开，内外全白者佳；其口开里黑者，臭不堪食。"鸡腿菇老了以后会自溶变黑、变臭，这是其特性。李时珍所记录的蘑菰蕈出自山东，贾思勰曾经在山东临淄做太守，所以菰菌/地鸡＝蘑菰蕈＝鸡腿菇，应该不是巧合。而且根据李时珍的描述，至少在明代，鸡腿菇就已经实现了人

玉簪花

鸡腿蘑菇（毛头鬼伞）

工种植。它在世界各地都有分布，是一种很受欢迎的食用菌。

无论是蒙古口蘑还是鸡腿蘑菇，"蘑菇"一词指的都是单一物种，"菌"一直是大型野生真菌的统称。《菌谱》之后，到了明代后期，兼具官员、诗人、戏曲评论家身份的南京人潘之恒觉得《菌谱》已经没办法涵盖当时人们对菌子的认知，也不满意《本草纲目》将菌类放在蔬菜类目，让菌子受辱委屈（芝菌为灵草种，自宜专谱，不当以菜品辱之），因此将《本草纲目》"菜部"十九种专门摘出来单独成册，编为《广菌谱》。到了清代康熙年间，苏州人吴林撰写了《吴蕈谱》，其中收录的菌子种类更多，描写也更详细，并且将菌子分为上、中、下三品。这几部书的出现，可佐证"菌"字的用法自古有之，且长期以来占据主流。而"蘑菇"，专指蕈菌类目下的某一种。

那么，蘑菇作为单一菌类的称呼，为何在云南之外取代菌子成为一大类菌子的统称？这一过程是如何发生的？元代王祯所著的《农书·百谷谱·蔬属》中"菌子"一条的介绍，透露了一些线索：中原（河洛一代）呼菌为蘑菇，又为莪（é）。磨通蘑，由此可知在元代，中原一带就有以蘑菇称呼菌子的风俗。

"蘑菇"一词的演变，可能与北方草原文明和农耕文明之间的大宗贸易有关。在蒙古语里，人们把草原上随处可见、牧民都喜欢吃的大型真菌称为"moog"。张家口曾经是北方草原所产蘑菇的商品集散地，这些菌子经过张家口与农耕地区开展贸易，所以被称为口蘑。口蘑是统称，包括口蘑属、白桩菇属、蘑菇属等几个菌种，并非单指分类学上的口蘑属或口蘑属中的某一种。

清朝乾隆年间，纪晓岚总编纂的《四库全书》"热河志"中所记载的"蘑菇"条，则把蘑菇的定义与口蘑对应起来："蘑菇，亦做蘑菰菌之属，形如猴头者良；中土绝重之，呼曰口蘑，又曰营盘蘑菰，以屯营之地粪壤肥沃所产尤鲜，又叫沙菌。"《四库全书》的编者十分认真，阅读了很多前人的资料，包括元代许有壬的《上京十咏·沙菌》。草原真菌"moog"的汉字语义，借鉴了汉代就出现的"菇"字——"菇"与指称茭白（被菰黑粉菌感染的菰米植物根茎）的"菰"（*Zizania latifolia*）常通用。而"菰菌"正是五世纪北魏时期的地鸡菌——鸡腿菇的别称，因为其菌柄肥白如茭白，故得名。"菇"字加上新创字"蘑"，"蘑菇"在清代逐渐成为口蘑的专称。

清代文献中出现了大量关于蘑菇的记录。袁枚的《随园食单》多次提到了蘑菇煨鸡、炒蘑菇、炒鸡腿蘑菇等菜品，指的都是草原的各种口蘑。另一部乾隆时期的著名笔记——李斗的《扬州画舫录》，记录的扬州地区酒肆中的口蘑菜多达二十余种；道光年间，苏州吴县人顾禄所著的《桐桥倚棹录》中，记载的苏州虎丘酒肆所供的满汉大菜，就包括好几道有名可考的口蘑菜：口蘑肉、口蘑鸡、口蘑鸭、烩口蘑、炒口蘑、口蘑细汤等。

综上所述，我们可以这么理解："蘑菇"一词出现在宋末，在元代北方地区，有时也是菌子的别称。而在南方还是以菌子称谓为主，佐证就是南京人潘之恒的《广菌谱》。但在明代，"蘑菇"一词逐渐成为菌类的统称，这也有文献佐证，虽然还不是主流。晚明刘若愚《酌中志》卷二十中记载宫廷御膳房食材时说，"素蔬则滇南之鸡坳、五台之天花、羊肚菜、鸡腿、银盘等麻（蘑）菇"，以蘑菇统称菌类。蘑菇取代菌子成为所有大型真菌统称的这个过程，可能伴随着两个事实：一是清代以口蘑为代表的南北商品贸易的频繁，二是野生菌的规模化人工栽培。晚清《农学丛书》之《家菌长养法·蕈种栽培法》一书说："菌，俗名蘑菇。"可以看出，到了晚清，蘑菇成为菌子的俗称，两个词的内涵基本一致。

而以"菌子"称呼野生菌的传统，在云南保留了下来。明初以来，江南汉族大批移民云南，他们及其后人对真菌的认知，因为地理阻隔，并没有受到"蘑菇"一词的太多影响，而是延续了自古以来菌子的称呼。兰茂在《滇南本草》中直接用"菌"来称呼一系列野生菌，就是证明。这一传统一直保留到了现在。

从词源及造字的角度来看，"菌"的字形像一个粮仓，这个字出现得很早；"蘑菇"两个字出现得较晚，可能源于蒙古语。从地域角度来看，北方喜欢称蘑菇，南方喜欢用蕈/菌。总结起来，我们可以认为，蘑菇是菌子的子集，二者的主要区别在于：1.蘑菇有狭义和广义之分。狭义的蘑菇指某一种食用菌，广义的蘑菇指长得像伞/盖一样的食用菌。《现代汉语词典》解释为"供食用的蕈类"，如香菇、金针菇、松蘑、口蘑、羊肚菌、牛肝菌等。2.菌子不仅指伞状蘑菇，所有可食用菌类，比如木耳、银耳、虫草，都属于菌子。

从人类获取食物的角度而言，菌子所对应的是更早或更久远的采集文明和采集方式，而蘑菇对应的是人类驯化了某些野生菌之后的农业文明和规模化种植方式。中国古人采集菌子的历史，肯定比发明"菌"这个字的时间要早，但是"菌"字的发明，是在农业文明时代，因为它借用了象征谷仓的"囷"——必须先有大规模的稻谷种植，才会有谷仓的出现。"菌"字和粮仓的关系，表明它们同为人类文明的养分。

从菌子到蘑菇的脉络梳理，解释了同一群体对同一事物在不同时代及不同地域的认知是不一样的，也是经常变化的。这也解释了我当初和大学同学展开关于蘑菇和菌子名实之辩的时候，各自认知背后所携带的语境和文化环境，有着我们所忽略的巨大差异。

放眼全世界，菌子或蘑菇在很多地区的文明及文化发展史上都扮演着重要的角色。蘑菇的英文mushroom源于法语mousseron，法语则源于古希腊语μύκης和拉丁语muccus，意为黏稠的生长物。从词源角度可以看出，古希腊人不怎么喜欢菌子或蘑菇，他们是一群有恐菌症的人：Mycophobes。俄罗斯人将蘑菇誉为"大地的脂肪"，相比古希腊人，以俄罗斯人为代表的斯拉夫人是一群热爱菌子的人：

Mycophilies。Mycophobes和Mycophilies这两个英文单词，是瓦莲京娜·帕夫洛夫娜·沃森在《蘑菇、俄国及历史》一书中发明的，用于阐释不同民族及文化对待菌子的态度。很显然，在热爱菌子的人——Mycophilies的名单上，应该加上云南人。至少对我个人而言，菌子这个称谓有它倔强的理由。不是所有蘑菇都叫菌子。

云南人对菌子和蘑菇的严格区分显示出一种倔强和自豪，但这种厚此薄彼的态度并非地域性的狭隘。在我看来，这是所有热爱野生菌子的人的普遍情感。2019年诺贝尔文学奖得主、奥地利作家彼得·汉德克在其半自传体的小说《试论蘑菇痴儿》中，借主人翁之口表达了和云南人一样的态度：

> 人工培育的草菇、平菇、滑子菇、金针菇、木耳和榛蘑，给人造成一种视觉陷阱，它们被克隆复制，并且被冠以错误的名称贩卖，它们不仅在颜色与气味上完全不同，而且相比被它们冒名顶替的真品，彻头彻尾淡而无味，"一文不值，毫无用处，不论拿在手里还是嚼在口中莫不如此"……美味的红菇、伞菌（高大环柄菇）、硬柄小皮伞、松茸、橙盖鹅膏菌、羊肚菌、松口蘑、草子、肉色伞杯、灰喇叭菌、黑木耳或云耳、簇生垂幕菇、翘鳞肉齿菌、绣球菌——它们都是不可培育的（实际上高大环柄菇、硬柄小皮伞、黑木耳、绣球菌、羊肚菌都可以栽培）。只要这些最后的野生之物永远抗拒人工培育，"那么，我和我们去寻找蘑菇将永远是这种抗拒的一部分和因抗拒而生的冒险！"[1]

在彼得·汉德克那里，不可驯化的野生菌除了在气味和颜色上迥然各异，更代表了一种冒险的精神。

1　见彼得·汉德克《试论疲倦》，陈民、贾晨、王雯鹤译，上海人民出版社，2016年。

05 菌中谁称王

松露、松茸和鸡㙦，谁是菌中之王？你要问意大利人和俄罗斯人，他们会告诉你，"king of mushroom"肯定是 porcini，也就是美味牛肝菌；问法国人，他们会告诉你是松露，好的松露能卖到几万欧元一磅；问日本人，答案必定是松茸，因为松茸居然能扛过原子弹核辐射的侵袭，而且确实美味无比。

如果要让一个云南人给菌子王国排座次，菌中之王则非鸡㙦莫属。对云南人来说，与欧洲美味牛肝菌相近的白牛肝菌固然好吃，但与之相比毫不逊色的牛肝菌还有十几种。松露和松茸在云南的产量是不错，这些年价格也很金贵，但是云南人喜欢吃的不多，很长时间内都没什么名声。唯有鸡㙦人人皆知，云南几乎每个地区都有出产，群众基础最广，口感、风味自成一格，且远超其他菌类。

我初到北京，和北方同学提到鸡㙦，并且毫不吝啬溢美之词时，他们是没什么感觉的。十几年前，中国冷链物流还没有现在这么发达、便利，我也没办法请鸡㙦现身说法来证实我所言非虚。

于是，我只好搬出"中国最后一个士大夫"——最懂美食的著名现代作家汪曾祺，来佐证我不是在吹牛。汪曾祺是我非常喜欢的一位作家，他把云南当作第二故乡。他在《昆明的雨》中写道："菌中之王是鸡㙦，味道鲜浓，无可方比。鸡㙦是名贵的山珍，但并不真的贵得惊人。一盘红烧鸡枞的价钱和一碗黄焖鸡不相上下，因为这东西在云南并不难得。"

如果还不够的话，我可以再请当代另一位重磅作家阿城出场。"说到'鲜'，食遍全世界，我觉得最鲜的还是中国云南的鸡枞菌。用这种菌做汤，其实极危险，因为你会贪鲜，喝到胀死。我怀疑这种菌里含有什么物质，能完全麻痹我们脑里面下视丘中的拒食中枢，所以才会喝到胀死还想喝。"他在《思乡与蛋白酶》一文中说。

《昆明的雨》写于1984年，近些年被选入语文教材。我上大学那会儿，汪曾祺还没有这么高的待遇。汪曾祺文中回忆的，是四十多年前，他在昆明西南联大生活学习的几年间，鸡枞留给他的美好味觉记忆和精神记忆。他誉之为"菌中之王"——有贵气而不远人，这是他给鸡枞封王的理由。

阿城的《思乡与蛋白酶》，1996年写于美国洛杉矶。"喝到胀死"，这四个字如此夸张而率性。去国怀乡，也许他是想鸡枞汤想疯了。二十八年前，1968年10月，北京三十五中的高中生阿城在"上山下乡"的热潮中几经辗转，来到了云南西双版纳景洪农场，在那里一待就是十一年。和汪曾祺一样，在青春萌动、吃不饱又正长身体的年代，鲜美的鸡枞永远写入了他们一生的味觉记忆。

这两位都是中国汉语文学史上拥有一席之地的大师级人物，他们给了鸡枞如此高的评价，在我看来是实至名归的。然而，也是在历史洪流和人生命运的交织之下，他们才有机会在云南生活了那么长时间，由此和鸡枞结缘。把时间往回推移几百年，在中国古代两大美食家——李渔和袁枚的食单中，我却没能发现关于"菌中之王"鸡枞的只言片语。

李渔的《闲情偶寄》和袁枚的《随园食单》，是中国古代最有影响力的两位生活家士大夫记录饮食的重要著作。两个人的共同特点是会吃、会生活，还特能写。他们的生活美学影响了后代很多人，包括很多大文学家，也包括今天和未来的普通中国人。

我猜测，他们没有写，是因为没有吃过鸡枞这样的美味。地理障碍阻隔了云南与腹地的人员流动，也阻隔了物资的流动和信息的流动。

汪曾祺生活的二十世纪三四十年代，如果不是因为抗战烽烟四起，北大、清华、南开三校也不可能整体西迁到几千里外的昆明，组成西南联合大学，也就不会有汪曾祺千里追随沈从文，进而留下无数的菌子传奇。阿城的命运也一样，"上山下乡"运动改变了包括他在内的千万人的一生，也造就了文学中的阿城。不是鸡㙡走出云南的大山，而是他们向云南的大山走去，向菌中之王走去。历史的洪流和诡谲的命运，让他们和鸡㙡成为彼此生命的注脚。

即便是在交通和冷链物流如此发达的今天，就算被两位大师级作家优美、魔力般的文字所打动，也没有太多人能品尝到新鲜的鸡㙡。为了探究中国人与这种神奇菌子的故事，我查阅了很多古籍资料，反复对照研究才发现：从山野草珍到"菌中之王"，鸡㙡穿越了漫长的历史迷雾。

顺着史料不断往前追溯，我在南朝苏州吴县人顾野王于543年奉诏所撰的《玉篇》中，找到了鸡㙡的源头："㙡，咨容切，土菌也。"顾野王曾担任梁武帝的太学博士，梁武帝曾经吃过的蓲酱可能就是鸡㙡油（见《滇志》）。恰好南朝的都城建康（南京一带）也是鸡㙡较北的分布范围。由此可以推测，至少在南北朝时期，鸡㙡就进入了主流知识分子的视野。

李时珍在《本草纲目·菜部》中也收录了鸡㙡："鸡㙡出云南，生沙地间，丁蕈也，高脚伞头。土人采烘寄远，以充方物。点茶烹肉，皆宜。"他直接点明鸡㙡出产于云南。

李时珍没有去过云南，他的资料来源只可能是熟悉云南和鸡㙡的人。我在1554年纂修的《永昌府志》中，读到了这样一则描述："鸡葼菌属滇中……以六七月大雷雨后，生沙土中，或松下，或林间。鲜者多虫，间有毒。或云其下有蚁穴。出土一日即宜采，过五日即腐。采后过一日，则香味俱减。土人盐而脯之，经年可食。若熬液为油，以代酱豉，其味尤佳。浓鲜美艳，侵溢喉舌，洵为滇中佳品。"

"葼"和"㙡"虽然不是一个字，但它们描述的的确是同一个东西（蓘读zōng，《说文解字》解释为细树枝，也是古代的一种草）。在另外一本云南永昌（保山）人张志淳于1526年所著的《南园漫录》中，有一条笔记清晰表明鸡蓘就是鸡㙡，且它在明代已经成为云南地区赋税征收的类目。

和兰茂一样，张志淳也是土生土长的云南人。只不过两人一个在保山，一个在昆明。兰茂最早记载了牛肝菌，可谓牛肝菌之父。为何不是他第一个记载鸡㙡，一直是我心头的不解之谜。鸡㙡的首位非官方记录者，是晚他一辈的张志淳。张志淳熟悉保山风物，在明代政坛和文坛上都有更大的影响力。张志淳所著的《南园漫录》中首次出现了鸡㙡的名称，并且解释了"蓘"与"㙡"可互通。鸡㙡生于白蚁窝之上，雷雨后从土里钻出来，所以用㙡来描述更为形象，也便于书写、传播和记忆。

从时间主线、人物影响链条以及古籍内容的传承来看，《南园漫录》中对云南风物特产尤其是鸡㙡的描述，影响了后来者对鸡㙡之名与实的定义。自他之后，鸡㙡成为常见于古籍的写法。与"菌中之王"故事相关的几位明代大人物——杨慎、李时珍、徐霞客，在他们的著作里，多数时候都把它写作鸡㙡或鸡蓘。张志淳影响了他们对鸡㙡的认知，完成了知识及认知的传递。因此可以说，张志淳无愧为鸡㙡之父。

其实，鸡㙡是第一种进入云南官方志书的野生菌。《景泰云南图经志书》卷一中，"安宁州"（今属昆明）有"菌子"记载，"土人呼为鸡宗，每夏秋间，雷雨之后，生于原野。其色黄白，其味甘美"。从这部志书开始，明清至民国的九部云南省志，无一例外都有鸡㙡的记载，原因就在于它产量多，味美而无毒。

张志淳之后，鸡㙡故事的另一位重要人物，是明代第一才子杨慎，他在《升庵外集》中专门介绍了鸡㙡。因为杨慎更有影响力，著作流传也更广，所以他的定义被后世很多人引用，久而久之，人们以为该定义的最早出处是杨慎，而张志淳逐渐被人们遗忘。

杨慎之后，鸡㙡进入了伟大药学家李时珍的视野。李时珍将鸡㙡视作药材，认为其可以益胃、清神、治痔。进入《本草纲目》成为药房备选之材，意味着鸡㙡正式进入中国古代的专业类书籍。换句话说，它从民间和艺术界进入了学术界，地位陡升。

1590年，潘之恒将《本草纲目》中包括鸡㙡在内的十九种菌类专门摘出来单独成册，编为《广菌谱》。潘之恒是明代昆曲艺术界和文学界很有影响力的人物，虽然只是摘录和整理李时珍的成果，但单独成册的做法，加之他的个人魅力和影响力，必然会极大提高那个时代人们对鸡㙡等菌类的认知。鸡㙡的另一个知己——明代大旅行家徐霞客为鸡㙡留下的文字就更为丰富，他最爱用鸡㙡烧汤泡饭。

鸡㙡在明代，甚至成为皇家贡品，每斤价值数两黄金。崇祯进士杨士聪在《玉堂荟记》中推鸡㙡为菌中第一，"菌之美者，以滇之鸡㙡为第一，然道远而值贵也"。可知明末清初，鸡㙡作为菌中之王，已经是普遍的共识。明朝之后，诗文中对鸡㙡的描写和吟咏越来越多。

清初著名诗人、翰林院编修查慎行，曾跟随其同乡在贵州任幕僚。品尝过鸡㙡美味后，这位著名作家金庸的先祖写了一首词——《瑶华慢·赋鸡㙡》。还有乾隆时期的大学问家赵翼，他于1768年12月至1769年6月随军入滇。从军在外苦于饥饿，有一天，他在路南州（今昆明石林）街上遇到一个彝族人，他的担子上挑着一大朵白白的菌子。赵翼让童仆买下鸡㙡，找了一个店家做熟，吃后大为赞叹，写下《路南州食鸡㙡》一诗。一个清代著名的资深吃货，就此被鸡㙡征服。

"秋七月，生浅草中。初奋地则如笠，渐如盖，移晷则纷披如鸡羽，故曰鸡；以其从土出，故曰㙡"，这是清朝贵州巡抚田雯所著《黔书》卷四对鸡㙡的描写。鸡㙡刚钻出土，像一顶斗笠；慢慢张开后，就变成了伞。田雯对鸡㙡的解释，比张志淳更进一步，简练传神。鸡㙡爱好者还有晚清重臣张之洞，他是贵州兴义人。一天，有人给他送来了家乡的鸡㙡油，勾起了他六七年前在老家后山亲自采鸡㙡的回忆，他随即写下了著名的《鸡㙡菌赋》。

从张志淳到徐霞客到张之洞，再到汪曾祺和阿城，菌中之王完成了它在历史书写者视野中的登顶。这些书写者或主动，或被动，都与鸡枞结缘，自此成为彼此生活乃至生命的一部分。

对我来说，很多年里，我都不知道鸡枞后一个字到底应该是哪一个，也不知道该怎么书写。但是我从小熟知它，也从小就知道，鸡枞除了好吃和珍贵，地位也极高。小时候，如果谁考了前几名，老师们就会说，某某同学是几年级几班的"大鸡枞"——这三个字代表了一种朴素的褒奖。直至我梳理出几百年间鸡枞从边陲郊野，从民间走向史籍殿堂，走进更广阔视野的来龙去脉后，我才突然意识到"大鸡枞"三个字更多的意义。

云南石屏县宝秀镇郑营村的陈氏民居，是一座颇具规模和特色的民国老宅。老宅中有一件奇特的木雕作品，仔细看正是一筐鸡枞的形象。为什么不是其他菌子？因为相比其他菌子，鸡枞更有生活气。只有白蚁窝能长出鸡枞菌，而白蚁窝，通常在人类活动的地方更为常见，比如田间地头或老屋旁边。这也符合我的生活经验。其他菌子怕人，人碰过之后基本不再生长。而鸡枞更近人、更可爱，所以成为

云南石屏县李宅鸡枞木雕，曾佳佳摄

老宅木雕的主角，成为陈氏家族日常生活的一部分。正是："天风吹下珍珠伞，飞入寻常百姓家。"

06　菌子物语

　　传言或者说谣言，即便偏离了事实或真实感，也是观察及认识事物的一个有趣视角。有时候除了解闷，它们还有些隐喻的意味。

　　玩过著名的《超级马里奥》红白机游戏的人都知道，马里奥吃了蘑菇会变成超级马里奥，就好像大力水手吃了菠菜之后，能力等级会陡升。菠菜含铁，吃了之后有益健康，这是大力水手吃菠菜的解释。每当大力水手需要力量的时候，他就会吃一罐菠菜。据说在美国经济大萧条时期，菠菜的销量增长了33%，因为大力水手鼓励每个人都吃菠菜，尤其是孩子们。那时，菠菜的地位仅次于火鸡和冰激凌，是孩子们最喜欢的食物之一。

　　蘑菇有什么神奇能量，能让马里奥变成超级牛人？有人说，其实他没有变，是吃了致幻蘑菇（毒蝇鹅膏菌），感觉自己变强了。出版于1865年的英国童话故事《爱丽丝梦游仙境》中，毛毛虫告诉爱丽丝有关蘑菇的秘密：如果吃了蘑菇的一半，她会变高；吃另一半，她则会变矮。爱丽丝把蘑菇一分为二，于是拥有了变形的能力。《爱丽丝梦游仙境》这部作品影响力巨大，故事里蘑菇带来的魔力，大概也和致幻毒性有关。

　　实际上，《超级马里奥》和《爱丽丝梦游仙境》中神奇蘑菇的原型，正是毒蝇鹅膏菌，又叫毒蝇伞（fly agaric）、蛤蟆菌等，菌盖通常为红色，是西方文化中最著名的毒蘑菇。毒蝇鹅膏菌含鹅膏蕈氨酸和蝇蕈碱等毒素，误食后会造成神经精神型中毒（致幻）。其所含毒蕈碱是一种杀虫剂，在欧洲很多地方被用来毒杀苍蝇（其拉丁名的种加词musca意为一只苍蝇）。又因为其湿滑的鳞片让人联想到癫

《爱丽丝梦游仙境》，躺在蘑菇上吸水烟袋的毛毛虫

蛤蟆，所以又叫蛤蟆菌。

毒蝇伞在西方文化中有着非常重要的地位。一方面是因其漂亮的外表，更主要的还在于其致幻特性，据说生食后能让人力量大增，所以维京战士在战斗前会食用。这种特性让它进入了各种神奇故事与传说，逐渐成为人们心目中蘑菇形象的代表。

据人类学家研究，圣诞老人的起源也来自毒蝇伞——红色的伞盖上有白色的鳞片，与圣诞老人衣服的颜色正好一致；圣诞老人的坐骑驯鹿也在迷幻的状态中飞驰。

在北欧拉普兰德地区和亚洲西伯利亚地区，人们在萨满仪式上有食用毒蝇伞的传统，用以通灵和占卜。人们甚至用毒蝇伞来围捕驯鹿，因为驯鹿也很喜欢吃它们。传说冬至前一天的晚上，萨满巫师会采集具有强烈迷幻效果的毒蝇伞。

毒蝇鹅膏菌，邱韩摄（波兰）

小毒蝇鹅膏菌（北美东部）

为了彰显其颜色，外出时巫师会穿上一件红色的外套，上面常常装饰着白边或白点。当他回来的时候，大雪堵住了门，他只好从烟囱里钻进来。之后他将完全干燥的毒蝇伞分给宾客。然后人们在萨满巫师的引导下，开启飞往生长在北极星上的生命之树（一种巨大的松树）的灵魂之旅。在那里，生命之树将解答所有村民在前一年遇到的问题和困惑。

中南美洲的玛雅文化中也有类似的传统和仪式，只不过主角变成了同样具有致幻效果的裸盖菇。这一重要现象深深吸引了罗伯特·高登·沃森（Robert Gordon Wasson）——J.P.摩根银行的高管，他毕生痴迷于神秘菌类的研究和探索，在他与爱人合著的《蘑菇、俄国及历史》的第十五章中，他根据自己在墨西哥印第安祭司指导下食用裸盖菇的经历，对这种古老的宗教仪式进行了生动的描述。

墨西哥印第安人和他们的祖先一样，对致幻蘑菇充满敬畏，他们怀着极为虔诚的心情，把它们称为"神圣蘑菇"——能够显灵的圣物。在宗教仪式上唱颂歌时，在祭司指导下食用神圣蘑菇，很快会出现幻觉和幻象，于是仪式进入高潮。产生幻觉的人深信，神圣蘑菇能使人通过心灵感应感知上帝的旨意或预言未来，将人的灵魂引导至天堂。

沃森把这类致幻的裸盖菇称为"magic mushroom"，直译过来就是"魔菇"。经过科学家的研究，致幻蘑菇中含有一种叫裸盖菇素（赛洛西宾）的物质，在人体内代谢为脱磷酸裸盖菇素，其分子结构和人体的血清素极为相似，这使它能和血清素的2A受体结合，进入大脑皮层。裸盖菇素进入大脑后，并不会全方位刺激大脑，只在两处区域——枕叶和海马体影响较大。枕叶是视觉分区，海马体是记忆检索区。裸盖菇素在大脑皮层新建了几千条神经链，接通枕叶和海马体之间的通道。错搭的通道把记忆信号连接到视觉处理区，让人产生幻视。这就是"魔菇"的致幻原理。也因为这个原理，科学家做了大量实验，证明裸盖菇素有治疗抑郁症的价值。目前科学家已经找到办法，既能保留其治疗抑郁症的功能，又能去掉其致幻的功能。

关于菌子的谣传或传言很多，比如颜色越鲜艳，菌子毒性越大。然而，说颜色鲜艳的菌子都有毒，教育意义大于实际意义。正确的理解是：不要乱吃蘑菇，尤其是那些颜色鲜艳的。反正你也分不清，不如吓唬吓唬你。

实际上，传言代表了某种认知，而且不同的时代，囿于信息的匮乏和检测手段的缺失，对同一事物，传言的描述也不一样。今天的人认为菌子鲜艳的颜色和毒性有关，中国古人对此的认知则是另一种样子。

菌冬春无毒，夏秋有毒，有蛇虫从下过也。夜中有光者，
欲烂无虫者，煮之不熟者，煮讫照人无影者，上有毛下无纹者，
仰卷赤色者，并有毒杀人。中其毒者，地浆及粪汁解之。

冬天和春天出的菌子，是无毒的；夏天、秋天出的菌子有毒，
因为夏秋时节，毒蛇出没会从菌子底下过。夜间会发光的，腐烂而
虫未咬过的，吃的时候没煮熟的，煮熟之后菌汤照人照不出影子的，
菌盖有茸毛、菌柄没有网纹的，菌褶卷起而红色的，都能毒死人。
不幸中毒的话，赶紧用泥浆和着粪水喝下去，能救命。

这则笔记出自《本草纲目》，原作者是陈藏器，一位唐代的中药
学家，著有《本草拾遗》十卷，可惜已经失传。我们可以认为，陈
藏器对菌子的认知代表了唐代人的普遍认知水平。

古人认为毒菌子杀人，是因为沾染了蛇的毒液。这样的解释，
我们知道站不住脚，因为毒蛇的毒液见不得光。毒菌子的毒性，是
自身所带。其他几条也站不住脚。最后一条粪汁解毒的方法，或许
有用——足够恶心所以有催吐奇效。如果中毒时间不长，用催吐法
是可以救命的。这个"解"，是解救之意，不是解毒之意。饮地浆或
土浆解救吃菌子中毒之人，历代文献有很多记载，证明这是个常备
之法。

在中国第一部菌子专著里，陈仁玉开篇就认为菌芝是大地精气
破土而出所成；灵芝仙草，自古就是祥瑞之兆。屈原在《楚辞·九
歌·山鬼》里歌唱过它："采三秀兮于山间。""三秀"是灵芝草的别
名，古人说灵芝一年开花三次，故称灵华三秀。同样写菌子的神奇
魔力，《爱丽丝梦游仙境》里的毒蝇伞是让爱丽丝变身，而中国古人
的着眼点，是菌子助人飞升，长命百岁。

这些段子，或真实，或想象，或有凭有据，或真假参半，或无
稽之谈，它们为我们补充了人类发展及饮食文化的侧写。

07 菌物品藻

　　从南宋陈仁玉"尽菌性、究其用、第其品"而作《菌谱》，到明代潘之恒撰写《广菌谱》，再到清朝康熙年间吴林撰写《吴蕈谱》给苏州的菌子分出品级，经过几代人的努力，菌子在史籍中终于有了一席之地。

　　但是这几本著作有大缺憾，他们记录的菌子太少了。假设兰茂穿越到前世或后世，他看了肯定会说，云南那么多菌子，都没收录，这几个人的书不过尔尔，真后悔自己当初没有好好写一部《菌物品藻》！不过，也不能怪他们几位。云南作为野生菌王国，有太多的菌子，这几位著述人几乎都没怎么听过，更不可能见过、吃过或采过。人无法凭空想象自己从未感知过的东西。

　　那么，重新给菌子品评分类，兼顾全面性和趣味性，是不是很有意义？我想起了南朝知名段子手刘义庆所著的《世说新语》，他对魏晋名士进行品评，包括言行、外貌、风度、气质等方面。这些内容，他起了个名字叫"品藻"，"品藻"是斟酌品评之意，那个时代的人都喜欢用这个词。我们也可以给菌子来个斟酌品评，这就是《菌物品藻》的由来。

　　本篇介绍云南最重要的食用野生菌，根据菌子的口感风味、历史文化内涵、受欢迎程度以及产量（可得性）四个方面来进行斟酌、品评。上品九种，牛肝菌占五种，其实牛肝菌家族还有酸牛肝菌（暗褐网柄牛肝菌）和荞粑粑菌（潞西褶孔牛肝菌）。中品九种，按历史渊源，关于虎掌菌的记载最久远，但易得性和普及性比较弱。

羊肚菌也是受欢迎的菌子，但是已有人工种植，稀缺程度大为降低，只能往后排。下品六种，虽然较为常见，但风味不减中品，尤其皮条菌（蜡蘑），个人感觉比茶树菇好吃。每一种无论品第如何，都是菌子王国的必要成员。

上 品 · 九 种

【鸡枞】上品第一

鸡枞，海波摄（南非约翰内斯堡）

入选理由：味道鲜美，无可方比，但不稀缺，可得性高；它是古往今来诗文记录最多的云南野生菌，被美食家、作家汪曾祺誉为"菌中之王"，在云南可以独自撑起菌子王国的半壁江山。**识别特征**："初奋地则如笠，渐如盖，移晷则纷披如鸡羽。"**适宜烹饪方法**：炒或用火腿烧汤，放点青辣椒更美味。

离褶伞科，全球记载有三十六种，我国有十三种。鸡枞的神奇之处，在于它和白蚁窝共生，白蚁构筑蚁巢的同时培养了鸡枞菌丝体，形成一个共同的生态系统。根据颜色和形状不同，鸡枞分为火把鸡枞、牛皮鸡枞、黄皮鸡枞等。中国云贵川、福建、台湾都有出产，四川称为斗鸡公，广州称为荔枝菌、夏至菌。全世界范围内，琉球群岛、菲律宾北部、越南、泰国北部、印度东北部阿萨姆邦和南非都有分布。

【云彩菌】上品第二

干巴菌（云彩菌），王庚申摄

入选理由：被汪曾祺称为"人间至味"；身形飘逸，口感筋道，香味隽永，产量稀缺。**识别特征**：远看如白云，洗完后如牛干巴。**适宜烹饪方法**：鲜辣椒爆炒；干巴菌炒饭。

革菌科，又叫干巴菌，主要产于滇中高原，中国福建北部和台湾中部山区亦有分布。干巴菌一直是云南民间的俗称，其学术名称由中国西南真菌学的开拓者臧穆确认，这也是拉丁名以汉语拼音呈现的第一种云南野生菌。在云南野生菌中，干巴菌是最具独特风味的一种，其菌香浓郁，嚼劲十足，回味悠长。牛干巴也是云南常见的食品，用精瘦黄牛肉风干而成，一般和干辣椒一起用油煎，爆香无比。以牛干巴比喻云彩菌，取两者香而韧的相似点。

【松茸】上品第三

入选理由：香味独特，口感脆甜，较为珍贵；在日本地位极高，食用历史悠久，八世纪就有记载。**识别特征**：菌盖褐色，茁壮时状如鹿茸。**适宜烹饪方法**：品质最好的生食；煎、烤、炒、煲汤皆宜。做法以清淡为主，保留本味。

口蘑科，也叫松口蘑，包含多种。中国云南、西藏和东北长白山地区，以及朝鲜、韩国、日本、北欧和北美皆有出产，因其生长在松类林地、菌盖形状如鹿茸而得名。松茸在日本地位极高，英文名"matsutake"就来自日语。松茸在云南曾经默默无闻，近年来因日本市场的推崇愈显珍贵。

【松露】上品第四

入选理由：奇香无比，口感脆，产量稀缺，常现身于高级西餐食谱；在欧洲食用历史悠久，被法国美食大家布里亚-萨瓦兰誉为"餐桌上的钻石"。**识别特征**：块茎，切开后纹路如大理石。**适宜烹饪方法**：切片生食或煲汤。煲汤须晚放，不宜过熟。做法以清淡为主，保留本味。

松露属于块菌，又叫无娘果、猪拱菌，英文名Truffle，有黑松露（*Tuber melanosporum Vitt.*）和白松露（*Tuber magnatum Pico*）两种，云南主要是喜马拉雅松露和印度松露。人类食用松露已有数千年历史，其中以法国、意大利、西班牙最为盛行，尤以法国普罗旺斯黑松露和意大利阿尔巴白松露最为有名。我国松露产地主要集中在云南楚雄永仁县及以四川攀枝花为中心、方圆二百公里范围内的地区。

【红葱和白葱】上品第五

入选理由：云南食用牛肝菌中最为常见和受欢迎的品种，产量大，鲜香爽滑；在社交媒体上经常和小人国幻视传说一起出现，是最为知名的云南野生菌，也是见手青的代表和颜值担当。**识别特征**：菌盖如缎子，菌柄红黄，受伤变色。**适宜烹饪方法**：干辣椒、蒜瓣、腊肉或火腿爆炒。

红葱（红见手青）　　白葱（白见手青）

牛肝菌科，中文正式名兰茂牛肝菌，为纪念明代伟大的云南药物学家兰茂而得名，俗名红葱、红见手、红过。见手青家族主力，受伤后会变蓝色。红牛肝菌占据了云南牛肝菌产量的一半，在昆明菌子批发市场上是极受欢迎的菌类之一。与红见手青旗鼓相当的是白见手青，中文正式名玫黄黄肉牛肝菌，又叫白葱，很受欢迎。红见手青和白见手青都有毒，须加工熟透后食用。

【黑牛肝菌】上品第六

入选理由：黑牛肝菌爆炒之后是口感最香滑的菌子。**识别特征**：菌盖如黑缎子，受伤后会变色。**适宜烹饪方法**：干辣椒、蒜瓣、腊肉或火腿爆炒。

牛肝菌科，多指中文正式名为茶褐新牛肝菌的品种，又叫黑过、黑木碗、黑见手。见手青家族主力，切开后黄色，慢慢会变成蓝黑色。菌盖如黑缎子一般丝滑，菌柄黄褐色，颜值极高。

【白牛肝菌】上品第七

入选理由：牛肝菌常见品种，产量大。**识别特征**：菌柄网纹，受伤不变色。**适宜烹饪方法**：干辣椒、蒜瓣、腊肉或火腿爆炒。

牛肝菌科，又称白香菌、核桃菌、麻盖头，多指中文正式名为白牛肝菌的品种。菌盖白色和浅灰色较常见，扁半球形，宽大厚实多汁。菌柄白胖粗大，带有网纹，所以又有"大脚菇"的可爱俗名。网盖牛肝菌与白牛肝菌相似，但帽子上布满核桃壳般的纹路，又叫核桃菌。云南白牛肝菌与欧洲美味牛肝菌是近缘种。

【水红牛肝菌】上品第八

入选理由：颜值极高。**识别特征**：菌盖鲜红甚至血红，受伤后会变色。**适宜烹饪方法**：干辣椒、蒜瓣、腊肉或火腿爆炒。

牛肝菌科，中文正式名拟血红新牛肝菌，一般被称为水红过。见手青家族主力，受伤后会变色，有毒。"水红过"与"红过"的区别，在于前者红得比较放肆，像鲜血一样，后者红得比较含蓄。须加工熟透后食用。

【黄牛肝菌】上品第九

入选理由：个儿大，体香，肉质紧实。**识别特征**：遍体黄色，受伤后不变色。**适宜烹饪方法**：干辣椒、蒜瓣、腊肉或火腿爆炒。

牛肝菌科，包含皱盖牛肝菌和褐孔皱盖牛肝菌两种，别名黄赖头、香老虎、黄大脚。有时成群出现，多数时候是孤零零的一朵。菌肉黄色，受伤后不变色，是中药制剂"舒筋丸"的原料。中国云南、东北和日本皆有分布。

中　品　·　九　种

【青头菌】中品第一

入选理由：量大好吃，口感香滑。**识别特征**：青色菌帽。**适宜烹饪方法**：爆炒、烧汤或烤着吃。

红菇科，包含多种不同菌类，一般情况下指中文正式名为变绿红菇的菌类品种。菌色青而圆，菌伞微皱，面青里白。兰茂《滇南本草》称："青头菌，气味甘淡，微酸。无毒。主治眼目不明，能泻肝经之火，散热舒气。"

【大红菌】中品第二

入选理由：量大好吃，汤色红亮，口感甜香。**识别特征**：菌伞面红里白，菌柄白色。**适宜烹饪方法**：煮菌汤。

红菇科，包括多种可食用类型，其中最常见的是灰肉红菇。大红菌最大的口味特征是香而甜。可食的红菌与毒红菌在外形上不易区分，后者通常生尝味道苦或辛辣（生尝是识别毒菌的常用手段之一，基本不会因此中毒），误食后会导致拉肚子，采集的时候要注意识别。陆游在《老学庵笔记》中记载，福建在宋代就有食用大红菌的习俗，"烧必乳香，食必红蕈，故二物皆翔贵"。

【鸡油菌】中品第三

入选理由：量大好吃，有独特杏香。**识别特征**：通体金黄，菌褶与菌柄相连。**适宜烹饪方法**：爆炒。

鸡油菌科，欧洲四大名菌之一，也叫杏菌、杏黄菌或黄丝菌。它是俄罗斯人极喜爱的菌子之一，他们称之为"Little Foxes"，小狐狸菇。

【奶浆菌】中品第四

入选理由：量大好吃，生熟皆宜，生吃口感脆香。**识别特征**：受伤后会流出奶浆。**适宜烹饪方法**：煮菌汤。

红菇科，包含多种，最典型的是白奶浆菌（绒毛多汁乳菇）和红奶浆菌（假稀褶多汁乳菇）。弄破它的任何部位，都会流出像牛奶一样乳白色的液体。奶浆菌可以生吃，味道甜甜的，脆脆的，汁水很多。

红奶浆菌　　　　　　　　白奶浆菌

【谷熟菌】中品第五

入选理由：量大好吃，口感脆香。**识别特征**：菌褶会变成绿色。**适宜烹饪方法**：炒或煮菌汤。

红菇科，正式名松乳菇，又叫枞菌、寒菌等。云贵川和山东很常见。它长在松树林、冬瓜树等阔叶林区，稻谷成熟时最多，故称谷熟菌。铜绿菌（红汁乳菇）与之类似，受伤后会变绿，仿佛铜锈。有的地方把松乳菇和红汁乳菇都叫铜绿菌。《菌谱》说松蕈是松树后裔，《吴蕈谱》也提道"采久或手挼之作铜青色"，可以判断松蕈是谷熟菌（菌褶橙黄）或铜绿菌（菌褶暗红）。俄罗斯人也将其称为锈菌。

铜绿菌　　　　　　　　　谷熟菌

【老人头菌】中品第六

入选理由：口感肥厚。**识别特征**：菌盖厚实，菌柄肥硕。
适宜烹饪方法：火腿或腊肉爆炒。

中文正式名亚高山松苞菇，又叫仙人头菌、罗汉菌。因菌体短胖肥硕，菌盖厚实，饱满如老寿星的光头而得名。老人头菌肉质细腻糯滑，富有弹性且滋味鲜美，可与鲍鱼媲美，故被誉为"植物鲍鱼"。

【竹荪】中品第七

入选理由：口感脆甜。**识别特征**：白裙子。**适宜烹饪方法**：
清炒或煲汤，保持食材原味。

鬼笔科，又叫竹笙、竹参，在全世界都有分布，可栽培。它寄生在枯竹根部，外形特别，有雪白色的网状菌柄，被称为"雪裙仙子"。竹荪味道香甜，适合煮汤。竹荪在中国的食用历史久远，晚唐段成式《酉阳杂俎》记载："江淮有竹肉大如弹丸，味如白树鸡，即此物也。"相比其他菌类，竹荪有很高的认知度，《菌谱》和《广菌谱》中均有记载。

【羊肚菌】中品第八

入选理由：口感较脆，较常见。**识别特征**：状如羊肚。**适宜烹饪方法**：清炒或煲汤，保持食材原味。

羊肚菌科，包含多种，在全世界都有分布，可以人工栽培。《本草纲目》称之为"藋菌"。它的外观看上去很像羊肚，属于食药兼用菌，在云南当地还有"年年羊肚菌吃够，八十还能满山走"的说法。羊肚菌的质地较酥脆，香味特别，适合炖汤或拿来蒸鸡蛋。不过，市面上卖的很多羊肚菌都属于人工种植菌，野生羊肚菌产量较小。

【虎掌菌】中品第九

入选理由：口感坚实，略有苦味。**识别特征**：菌盖齿状，如虎掌。**适宜烹饪方法**：爆炒。

齿菌科，正式名翘鳞肉齿菌，外形酷似虎掌，又叫獐子菌、獐头菌。它主要生长在高山针叶林中，菌体肥壮，较难人工栽培。它要趁新鲜吃，时间长了有苦味。《广菌谱》中收录了钟馗菌："一名仙人帽，盖钟馗，神名也。此菌钉上若伞其状，如钟馗之帽，故以名之。亦名地鸡，亦名獐头菌。"潘之恒的资料来自李时珍，意味着虎掌菌就是钟馗菌。《尔雅》也记录了这种"中馗菌"，其食用历史至少已有两千年。

下　　品　·　六　　种

【皮条菌】下品第一

入选理由：口感香韧，较常见。**识别特征**：顶部凹陷，不易碎。**适宜烹饪方法**：炒食。

轴腹菌科蜡蘑属，包含多种。喜欢长在潮湿的沟涧底部，一出就是一山沟，拔之不尽，过几天去又是一箩筐，口感香而韧。白色、黄色、紫色和褐色都常见。

蓝紫蜡蘑

橙黄蜡蘑

【珊瑚菌】下品第二

入选理由：口感香软，较常见。**识别特征**：像扫帚、火把或珊瑚，易碎。**适宜烹饪方法**：炒食或煮汤。

钉菇科，俗名扫帚菌、佛手菌，包含多种，有紫色、白色、黄色等，紫色尤为漂亮。其质地脆嫩，鲜甜爽口，别具风味，是野生食菌美食中不可忽视的家族成员。

朱细枝瑚菌

枯皮枝瑚菌

【火炭菌】下品第三

入选理由：口感香脆，较常见。**识别特征**：菌伞黑色，菌褶如红菇。**适宜烹饪方法**：煮汤。

中文正式名稀褶黑菇，常常成片出现在沙地间，口感香脆。但在这些蘑菇中，往往混杂着一种非常致命的剧毒蘑菇——亚稀褶黑菇。亚稀褶黑菇与稀褶黑菇的区别在于：稀褶黑菇受伤以后会迅速变黑，而亚稀褶黑菇是先变红然后缓慢变黑，采集的时候尤其需要注意识别。

【酸牛肝菌和荞粑粑菌】下品第四、第五

入选理由：口感香滑，较常见且无毒。**识别特征**：酸牛肝菌菌柄带网纹，生尝口感酸；荞粑粑菌菌褶偏黄。**适宜烹饪方法**：炒食。

牛肝菌家族除了见手青，还有较常见的酸牛肝菌（暗褐网柄牛肝菌）和荞粑粑菌（美丽褶孔牛肝菌），后者虽然长得像伞菌，却是牛肝菌科，颜色金黄如荞麦粑粑。

【喇叭菌】下品第六

入选理由：口感香软，较常见。**识别特征**：喇叭倒立，易碎。**适宜烹饪方法**：炒食或煮汤。

钉菇科，黄色和白色两种比较常见。喇叭菌的样子非常可爱，远远看去像一朵朵立在草地或苔藓上的南瓜花（炒南瓜花也是美味），喇叭口里常常盛满了水。它们喜欢在雨后出现，所以总是湿漉漉的。

08 菌子与市集

　　徜徉古籍，钩沉历史，品味诗文，菌子往事似乎越千年，又似乎近在眼前。对于大多数人而言，认识云南菌子最粗暴的方式，就是去云南的野生菌批发市场走一遭。走进琳琅满目的菌子大世界，能获得最直观的感受、最生动的信息，气味、颜色、形状，还有人来人往、讨价还价的鲜活而热烈的生活场面。

　　一个城市最迷人的地方，是菜市场。汪曾祺每到一个地方，都喜欢逛逛菜市场，在《人间五味》中，他这样写道："看看生鸡活鸭、新鲜水灵的瓜菜、通红的辣椒，热热闹闹，挨挨挤挤，让人感到一种生之乐趣。"在云南，这句话可以换成：云南城市最迷人的地方，是菌子批发市场。每年夏天回云南，我都要去逛一逛菌子市场。如果不想走远，就去小区附近的菜市场，有专门的菌子摊位。如果不嫌麻烦，可以去昆明篆新市场或者木水花市场逛逛。

　　相比北京，昆明这座城市不算大。从翠湖公园出发，坐地铁四十多分钟，就可以到达云南最大的菌子批发市场——昆明木水花野生菌批发市场。市场辐射全国甚至全球（远销法国、日本、意大利、德国等地，野生菌交易量占云南省的90%，占全国的70%，占海外市场的60%），吞吐量巨大，2005年建立至今，年交易额已经达到70亿。有1000多家贸易商，大大小小的物流商聚集于此，尤其每年的7月至9月，菌子集中上市的季节，更是火热无比。这里既是菌子的生意场，也是大型真菌博物馆，更是无数人的生活，系着千家万户。批发市场也有零售，可以随便砍价、随便挑选，之后在旁边的快递站打包，新鲜菌子就能发到全国各地。

相比而言，我更喜欢各个小地方的菌子交易市场。对我来说，各地的菌子批发市场是个好逛的地方。因为在那里，你能看到各个菌子产区不同的品种，以及菌子最初的分拣、归类、打包等环节。它们才是菌子的产业链之源，一头连接着各个山村，另一头连接着像昆明木水花野生菌批发市场这样的大型贸易及物流集散中枢。昆明本地人吃菌子，喜欢跑到周边的县，因为周边县的菌子更新鲜，也更实惠。这是有点道理的。

云南菌子市场常见野生菌（红葱、白葱），王庚申摄

每到采菌的季节，靠近产区的山乡人们，就会上山找菌子。除了自己食用，品相好的就会拿去卖钱，补贴家用。拿去卖的，主要是值钱且不容易碎的青头菌、铜绿菌和奶浆菌，还有鸡枞、松茸、云彩菌和炒菌类的各式牛肝菌等，而且要结实（菌伞不能开得太大）。从流通链条来看，菌子出山的第一站，是村里田间地头的菌子收购商流动摊位，通常是一辆小面包车。

2020年8月，我在外婆家的村口路边，就碰到了一位老家在县城里的菌子老板。菌子出的时候（集中上市的7—9月），每天下午，他都会准时出现在固定的位置上。他的车还没来，村里的拾菌子专业户（这是我给他们的称呼，其实他们也就早上上山找菌子），就拎着一兜一兜的菌子陆续出现在摊位上，大家看看彼此的菌子，顺便交流下心得，有时候会互相评价两句。交谈的时候，大家会时不时看看公路那头——菌子老板的小面包车出现的方向。

老板姓"起"，一个很少见的姓氏。多数时候他都会准时出现。他出现时，面包车已经装了大半，一个个塑料周转箱里有各式各样的菌子，箱子堆在一起。这说明他已经跑了好几个村寨，收了不少好东西。刚出山的菌子很娇贵，怕碰、怕热，也怕挤压，周转箱是物流专用工具，能保护菌子不破损（生鲜的物流损耗大概占30%，这也是菌子贵的重要原因之一）。鸡枞很珍贵，堆在一起会发热，因此箱子里会用冰块降温。

菌子老板拿出一个电子秤，乡亲们挨个儿把自己当天辛苦爬山收获的宝贝拿过去，老板会挑拣一番——他只挑自己中意的，然后报个价。如果价格达成共识，就称称斤两，然后付款，通常都是现金。这样，一次简单的交易就结束了。一个人一天找到的菌子，能卖几十块、上百块，几百块的比较少，除非谁走运发现了一窝鸡枞或云彩菌。整个交易过程持续四五十分钟，老板把菌子归好类，放置好，又赶往下一站，或者是回到县里菌子交易市场上自己的固定摊位，那里是他接下来完成更多工作的地方，也是菌子集散的第二站。

出现在县城交易市场上的菌子，大概率比昆明的更新鲜，因为离开山头不久。所以昆明人都愿意开车一个多小时，到周边的县城吃菌子、买菌子。在昆明，人们喜欢去武定县——那里有个著名的景点狮子山，据说是建文帝朱允炆最后出家的地方。离得近，菌子又多又好。武定县城有好几家经营菌子美食的餐馆，生意极红火。朋友带我去过一家，有好几层楼，面积很大，据说每年菌子季节能达到2000万左右的营收。这不稀奇，稀奇的是朋友告诉我，这个餐馆的老板以前是做菌子生意的，有一年亏得严重，因为菌子卖不掉。他只好自己消化库存，开起了餐馆。这让我想起了老家县城的起老板。

我后来好几次去逛菌子市场的时候，都遇到了起老板。下午五六点，市场里的顾客已经不多了，而他的摊位上依然热火朝天。好几个大姐——可能是老板的家人，也可能是他雇用的小工，在专注地给菌子根部削土，初步分拣后，按照大小和新鲜、结实程度，分箱装好。这一堆是红牛肝菌，那一堆是黄牛肝菌，旁边是黑牛肝菌，还有白牛肝菌——通常炒菌会放在一堆。鸡枞会放入冷柜冷藏。

不同的级别对应不同的客户需求和不同的价格。这个过程要持续到深夜或凌晨，几个月里都是如此。起老板赚的是辛苦钱，遇到市场波动，亏钱是很有可能的。我问他分拣好的菌子会发到哪里，他说昆明和南华都有。

南华是我老家旁边的县，也是菌子的主要产区和贸易区，每年都会举办一个较大的"中国南华野生菌美食节"，很热闹。我觉得，主要原因还在于南华正好位于丽江、大理到楚雄、昆明的主干道上，有交通优势。历史上著名的秦五尺道就经过南华，后来明代设立了沙桥驿。五百年前，杨慎充军入滇之途，走的也是沙桥驿。我的高中同学是南华人，高考结束那年，他带我回南华吃过一家著名的菌子餐馆。但我一直没有机会去南华野生菌市场逛逛。

2021年8月，我去普洱看初中同学，他带我去了一趟普洱的菌子市场。普洱的名字源于大名鼎鼎的普洱茶，更早的时候叫思茅。普洱的纬度比楚雄低，比西双版纳高，因此它全年比西双版纳凉爽，但又比楚雄和昆明湿润。普洱的菌子也有特色，鸡枞很大，红菌子、牛肝菌、云彩菌也很多，关键是便宜。我想可能是因为普洱离昆明更远，很多菌子老板不爱来。

一朵菌子的旅程大概是这样的：一大清早，就被从地里揪起来，和一大堆不同品种的兄弟姐妹同处一个竹篓。当天下午，经过讨价还价、初步打标签及分拣，它来到县城菌子市场；在这里，它被进一步分级、分类，遇到来自其他山头的更多同类，有的个头比它小，有的年纪比它大。有一些伙伴，会直接进入县城的餐馆变成美味。大部分则在当天午夜或凌晨，坐上更大的车，一路跑到省城。在那里，一部分会被人买走，再次遇到不同的兄弟姐妹，然后进入老百姓的厨房；更多的则被打包，坐上飞机、动车去向远方。这个过程，每年周而复始。

明代正德五年（1510年）编纂的《云南志》记载，姚安军民府出产"菌，姚安山谷中，每夏秋雷雨后则生。夷（彝）人采之鬻于市……云南各州县俱产"。野生菌从山野走向市集的历史，应该比文字记载的更早。明代初年设置的姚安军民府，辖境包括今云南姚安、大姚、永仁等县及四川攀枝花市金沙江以南地区，治所就在今天的云南楚雄姚安县，离我的老家六十五公里，车程一小时。楚雄是彝族自治州，彝族人擅长采菌子，我从小就知道。今天还有很多拾菌子的彝族同胞，会把自己收获的宝贝，拿一个竹篮背到县城菌子市场，卖给周边来逛市场的居民，或者是起老板这样的商户，就看谁给的价钱好。

明代不独云南，苏州金山出产的菌子，城里人也爱。明代苏州人杨循吉（1456—1544年）也是一个懂菌子的人，他与永昌（保山）张志淳大约生活在同一时代。他所著的《金山杂志》饮食篇记载："山中雨后多生菌，其一名曰蕈，凡有数种，惟春末最多，八月虽有而不时。其小者可食，山人餍（yàn，饱餐）之，而城居不多得也。樵童（砍柴的童子）得者，负以筠笼（竹篮），多售于枫桥。市郭人争买之，与珍异等，以其非植而有故也。"

杨循吉提到的出菌子的山在吴县西，名金山，具体位置是今苏州木渎古镇以北寿桃湖风景区；枫桥，即唐诗里张继所写的江枫古桥。樵童在山里捡了很多菌子，用竹篮背着，一路走到枫桥去卖。山里的菌子，城里人视为奇珍，争相购买。金山到枫桥大概八公里的路程，够樵童走上两个小时。而寒山寺外的枫桥，估计是明代苏州一个固定的菌子集市。

苏州吴县人吴林于1683年撰写的《吴蕈谱》说："吾苏郡城之西，诸山秀异，产蕈实繁，尤尚黄山者为绝胜。何则？以其地迩而易，于上市为最新鲜也。"吴林是曾经的吴县人，他说的城西诸山，应该包了明代杨循吉所说的金山。因为离市区近，所以山上樵童采后拿到市集出售的菌子，应该是非常新鲜的。

到了清代，关于云南野生菌贸易的记载逐渐多了起来。被誉为"清代徐霞客"的倪蜕，是云南史学研究领域的重要学者，他在《滇小记》中记载，菌子"罗缅、禄劝（今昆明禄劝）有之……采薪拣菌，贸易盐米"。从他的记载中，可以寻得一些古老的菌子市集风貌。

明末徐霞客在大理祥云街头，看到一个牧童扛着一个大鸡枞，于是买下来煮汤泡饭。清代大诗人赵翼，在昆明路南石林出公差，街上买得一个大鸡㙡，找了一家路边餐馆，请厨娘给烧了一锅美味的汤："一朝幕府谢事归，忽逢倮人（彝族人）担上悬葳蕤（鸡㙡盛开的样子）……呼童买得来叩茅店扉。"这两人买鸡㙡烧汤的故事，对应的就是"夷（彝）人采之鬻于市"的交易行为。几百年来，这样的情况始终未变。在老家县城农贸市场的菌子摊位上，经常能看到彝族妇女背着一箩筐自己采的菌子售卖，买卖双方讨价还价。

云南菌子市场常见野生菌（鸡㙡、黄癞头），王庚申摄

有买必有卖。清代诗文中，吟咏记录的菌子销售行为，在云贵地区很常见。"山下夕阳山上雨，野人入市卖鸡㙡"，晚清重臣张之洞的启蒙老师张国华的这句诗，记录了夏末秋初的一天傍晚，贵州兴义的乡下人蓑衣斗笠，挑着刚采的鸡㙡到集市上售卖；山上雨还没停，山下却已经出了太阳。清末湖南岳阳人余厚墉，曾在黔西南做官，他有一首《鸡㙡菌》专门说此事——"宜雨宜晴值仲秋，一肩香菌遍街游"。中秋前后，不管晴天雨天，都有人挑着鸡㙡等菌子，走街串巷地叫卖，留下了满街的菌子香，让人想起"深巷明朝卖杏花"的情景。

民国时期，腾冲人李学诗写鸡㙡说："叶裹筐承入市廛（chán，市廛即市集），市人争买不论钱。"批发市场是个比较近的概念，在云南，早期的时候，交换物品的地方叫"街（gāi）子"，赶集叫"赶街"。只不过相比今天，那个时候的菌子贸易，只能覆盖产区周边的小城镇或集市附近的居民。偶尔现身的外地旅人或公干的公务员，出手相对阔绰，也喜欢消费，不少人还会写诗记录。从"街子"到批发市场，借助现代化冷链物流和交通基础设施，菌子山珍从乡村及城镇集市交易，实现了货通全国甚至全世界，覆盖了更广泛的地域和人群。美味终于为更多人所分享。

在北方，菌子/蘑菇交易的一个重要地点是张家口。张家口是塞外蘑菇的重要产区，出产的菌类包括各种口蘑、榆耳。明末奇人方以智的重要自然科学著作《物理小识》卷六"饮食类·菌栭"记载"榆肉出口外、龙门所（今河北赤城县西南龙关镇）一带，今燕京价至三十两一斤"。榆肉即榆耳，肉质如蹄筋，质地如海参，有特殊风味，味道鲜美可口，营养丰富，是一种美味食用菌。从张家口卖到北京的榆耳，居然一斤价值三十两，按米价（明后期每斤米约7.6文钱）折算在今天约合人民币两万块。明嘉靖八年（1529年），将领张珍将城墙打开一道新门，作为城墙内外互通贸易的关口，"张家口"这个名称便保留了下来。到了清朝，张家口已经成为塞内、塞外经济贸易的重要通道。来自草原的各种蘑菇（主要是蘑菇干），通过张家口源源不断地进入关内，经北京流向南方——"口蘑"之名因此而来。"蘑菇"一词在北方的流行，也与之大有渊源。

09 菌子与森林

　　人类食用菌子的历史，几乎和人类历史一样久远。实际上，菌子比人类的历史更为久远。能得出这个结论，还要感谢神奇的透明生物化石：琥珀。松柏、云实、南洋杉等松科植物的树脂滴落、掩埋地下，在压力和热力的作用下，经过千万年的石化就形成了琥珀。目前已知的菌子化石均来自琥珀，其中最古老的菌子出自白垩纪中期（约1.2亿年前）的缅甸琥珀——这相当于直接证据。还有间接证据，那就是琥珀里发现的一类专吃菌子的巨须隐翅虫。

　　松科植物、菌子和琥珀，还原了人们关于早期菌子和森林的想象：古老的森林里，一棵松树的树根旁长出了一朵菌子，松树因为受伤流出了树脂，在炎炎的烈日下，树脂慢慢滴落，正好掉在菌子上。松脂越来越多，逐渐把菌子严严实实地包裹起来，形成了一个小球。沧海桑田，小球被深埋地下，直到亿万年后，成为琥珀的松脂小球为人类带来了最初的森林信息。

　　正因为总是与植物相伴，所以长期以来，人们都把菌子视为植物。无论是东方还是西方，都是如此。人类用了漫长的时间，才在分类学上把菌子与植物分开，这个时间很晚，晚到了二十世纪中期。

　　从《神农本草经》到《滇南本草》及《本草纲目》，中国的典籍都把菌子归入本草，和其他植物并列。从造字来看，"菌"字归为"艹"部。在西方，人们也一直把大型真菌归入植物界。瑞典生物学家卡尔·冯·林奈于1735年出版的《自然系统》，把自然界分为三大界——矿物界、植物界和动物界，生物界则只有动物和植物两界。由于林奈在生物学上的巨大影响力，两百多年来，这种认知一直没被打破。

其实，真菌的起源、组织、营养方式和细胞壁的成分等都与植物不同，被归入植物界实属委屈。在营养方式上，真菌是"吸收异养型"，主要作用为分解，与植物的光合自养、动物的摄食异养有本质的区别。自二十世纪中叶起，生物学家大多将真菌独立成界，与原生生物界、植物界、动物界并列。事实上，真菌与动物的关系，比与植物的关系更近。

真菌是一个大类，而菌子（蕈菌）是这个大类下的一个大子集。据菌物学家的评估，地球上共有十六万种菌子，而被人类认识的不过一万六千种，在我国，被了解比较多的菌子有四千多种。除了包括大部分可食用菌的担子菌（三千余种），还有子囊菌（四千余种）——常见的如松露、羊肚菌等。担子菌与子囊菌在显微镜下的区别在于：担子菌的孢子是一个扁担上挂着几个孢子，子囊菌的孢子则包裹在一个口袋里。这是一张典型的菌子（担子菌）结构示意图。地下部分的菌丝从周围吸收营养，将有机大分子分解为有机小分子和无机物。地上部分，就是我们常见的大部分菌子的模样，它

典型真菌（毒蝇伞）结构及其生命循环，王科宇绘

们其实是大型真菌的繁殖器官，好比植物的果实，而真菌的孢子则相当于种子。

菌子虽然不属于植物界，但是它们与植物或者说与整个森林，存在一种相互依存的关系，形成了一个完整的生态系统。地球上90%的植物都是依靠菌物为其供给营养的。前面谈到，真菌获取营养的方式是"吸收异养型"，仔细再分又包括三种——腐生（灵芝、宽鳞大孔菌及大部分人工栽培的菌子）、寄生（冬虫夏草、星孢寄生菇等）、共生（大部分野生菌），区别就在于真菌菌丝和植物根系接触的程度。牛肝菌和红菇是我特别喜欢的两类菌子，它们与树木的根系就是共生关系，喜欢长在松树和栎树下。这也解释了为什么有的地方盛产某种菌子，离开了这个地方，就找不到了。除了牛肝菌和红菇，灵芝也喜欢长在栎树的根部，是一种腐生菌。松茸和松树也是一对好伙伴，松茸会分泌出强酸，帮助分解岩石和沙土，由此释放出的营养物质，能够促进彼此生长。在北京山区，如果想找到大片的松蘑（点柄乳牛肝菌）和肉蘑（血红铆钉菇），必须去有松树林的地方。

很多树木的根部常与菌子的地下"菌丝"锁在一起共生，对于这种亲密关系，真菌学家发明了一个特殊词语——菌根（mycorrhiza），即真菌和根的共生联合体。真菌为植物提供水分和矿物质，植物则为真菌提供碳水化合物。所以，森林植被一旦被破坏，菌子就会销声匿迹（羊肚菌比较特殊，它常在火烧后的树林中出现）。在我的记忆中，老家的山上有一片松树林，草地上总能找到云彩菌，也就是干巴菌。我上小学的时候，每年夏天，只要上山采菌，我都会去转一转，总能找到那么几片。最近几年回家，我发现曾经的云彩菌已经销声匿迹了。原来，那片林子发生过火灾，周围的树皮被烧得黢黑。大火烧了草地和灌木，也烧灼了地面，可能破坏了菌丝的生长环境。也许需要十几年，云彩菌菌丝赖以生存的生态环境才能慢慢恢复。

植物保护菌丝，菌子也会供养森林。我小时候经常采食一种马勃菌，长得很可爱，有股独特的香味，经常出现在夏天的山间草地

豆包菌/彩色豆马勃，柳开林摄（云南楚雄）

上。一直以来，我都不知道它的正式名，查了很多大型真菌的书籍和资料，才终于查到了它。它就是豆包菌，又叫彩色豆马勃。豆包菌成熟以后，孢子会变成蓬松的粉末随风飘散，我们称之为香泡子。从生活方式来看，它属于外生菌根菌，它的菌丝会和桉树、松树、杉树、栎树的根系共生，因此也被称作"菌根皇后"。彩色豆马勃不但药、食两用，对造林也有很大帮助。

另一个例子是水晶兰，一种与真菌共生的珍稀植物。水晶兰没有叶绿素，无法进行光合作用，但它会与真菌形成名为菌根的共生体。在菌根中，真菌的菌丝负责吸收水分、无机盐和糖类供给水晶兰；水晶兰则为真菌提供有机酸等营养。双方相依共存，彼此成就。而被称为松茸指路标的拐糖花，长着红、白条纹相间的花茎，和水晶兰一样，虽然也会开花，但是没有叶绿素，无法自己合成营养，只能靠松茸吸收糖分，而这些糖分来自松树。松树、松茸和拐糖花，三者形成了一种共生关系。

此外，著名的蜜环菌与云南名贵中药材天麻也是共生关系。天麻与水晶兰及拐糖花一样，没有叶绿素，只能通过吸收蜜环菌分解的植物营养而生存。当蜜环菌的菌索侵入天麻的块茎后，天麻先"诱敌深入"，待蜜环菌散发菌丝妄图侵入块茎皮层深处的细胞时，天麻就会利用特殊的酶系，分解蜜环菌的菌丝，将其转化为自身生长所需的营养。反之，当天麻处于相对衰弱的生长期时，蜜环菌也会分解并吸收天麻的营养。所以，只要有蜜环菌菌种，就可以实现天麻的人工种植。

除了植物，菌子和森林生态系统中其他小动物的关系也非比寻

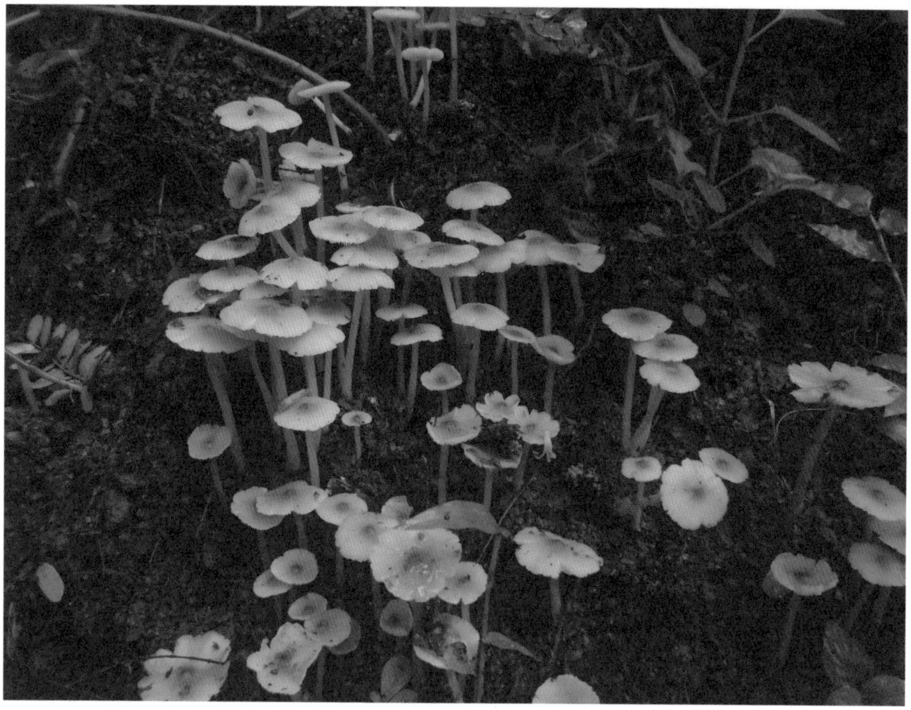

白蚁窝被破坏后长出的鸡纵花

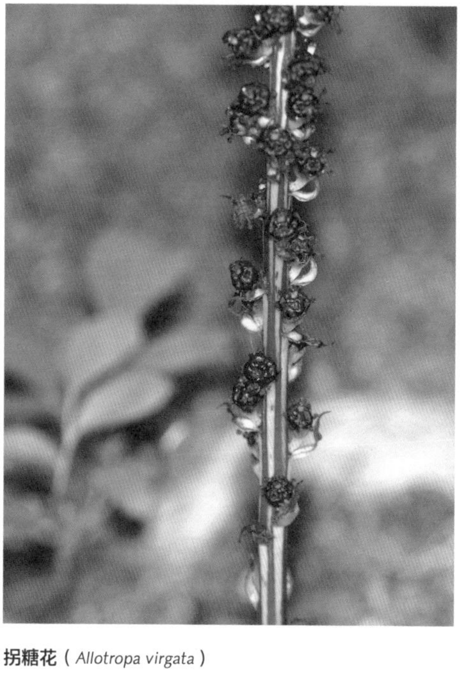

拐糖花（*Allotropa virgata*）

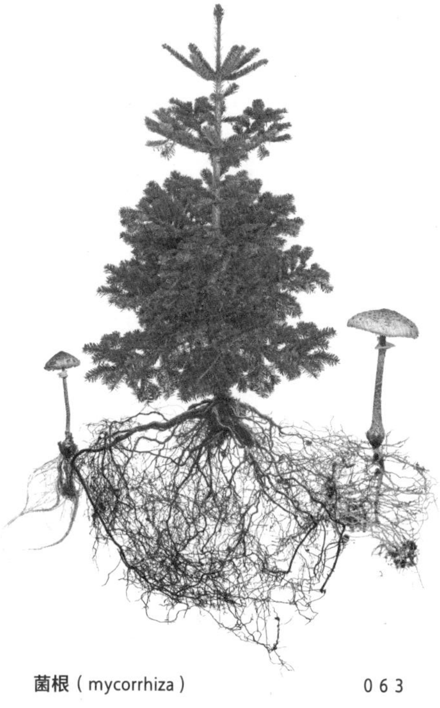

菌根（mycorrhiza）

水晶兰（*Monotropa uniflora*）

常。菌中之王鸡枞和白蚁的故事，就是一个典型。鸡枞的拉丁名为"*Termitomyces*"，属名中的"termito"源自拉丁语，意为"白蚁"，"myces"源自希腊语，意为"蘑菇"，其属名的意思就是"白蚁的蘑菇"，一些专家也把它译作"蚁巢伞属"。鸡枞在中国古代被称为"蚁枞"，就是因为古人观察到了它和白蚁的关系。

　　某个偶然的机会，鸡枞的孢子被气流或白蚁带回蚁巢。蚁巢适宜的温度、湿度及丰富的营养物质，为鸡枞孢子的萌发、菌丝的繁殖和生长提供了适宜的环境。蚁巢是白蚁的家，也是白蚁的粮仓和鸡枞的苗圃，是由勤劳的工蚁用已消化和半消化的食物与其他复杂成分，再加上鸡枞菌丝建造而成的；菌丝也会帮助白蚁消化木头，产生白蚁可食用的营养物质。菌丝大量繁殖后，会形成绳索状菌丝体，钻出蚁巢上方的土层，在地上形成子实体——美味的鸡枞，开始像斗笠，过一两天就展开成了伞。鸡枞可以长到10～25厘米，菌柄有一条细长的尾巴，与地下的白蚁巢相连，长度可超过半米。所以，在老家采别的菌子，都叫拾菌子；而鸡枞，则叫挖鸡枞，因为根很深，真的需要挖。只要不破坏蚁巢，鸡枞就能年年长。如果蚁巢已经被破坏，第二年就不会再长鸡枞了，但是可以长出成片的鸡枞花（小果鸡枞），只有鸡枞的几十分之一大小。

　　森林里有很多小虫子，喜欢某些种类的菌子。比如，牛肝菌就特别招一种蚊子的喜欢。我小时候上山拾菌子，就发现了这么一个规律：在常出菌子的地方，通常是树根或灌木丛里，如果飞着几只蚊子，萦绕在某地始终不肯离去，只要仔细找，大概率能在周围十几厘米的地方，发现几朵上好的菌子。我用这个方法，找到过很多红牛肝菌、白牛肝菌、黑牛肝菌和黄牛肝菌。这些都是老家人喜欢的炒菌。所以，我很感激蚊子们为我指引，虽然它们的本意并非如此。一旦我把它们为之萦绕的菌子拔走，蚊子们就会立刻散去，不再纠缠。

森林里还有很多动物都喜欢以菌子为食。马陆（千足虫）经常躲在菌子底下，守护着它们的美味。我就在青头菌、珊瑚菌和褶孔牛肝菌的根部发现过好几次马陆的身影。蛞蝓很喜欢趴在湿滑的乳牛肝菌帽子上慢慢啃食，咬出一个缺口。西伯利亚地区的驯鹿，则非常喜欢吃毒蝇鹅膏菌，这才有了圣诞老人飞驰的坐骑。有些真菌的孢子，经过小型哺乳动物的消化道后会更容易萌发和繁殖，比如松露。

鸡𣎴和白蚁窝，蘑菇球摄

我们常说的菌子，其实是大型真菌的子实体，其真正的主体，是地面以下的菌丝。菌丝网络可以很庞大。目前世界上已知最大的真菌，是位于美国俄勒冈州马卢尔国家森林中的一株奥氏蜜环菌，它的菌丝覆盖了近十平方公里的土地，重达上千吨，据说已经生存了两千八百多年。菌丝和森林草木的根系，共同构成了一个庞大而复杂的生态系统。菌子既与树木互相协作、彼此提供养分，又是树木遗体的分解者，是氮、磷、碳循环的重要使者，在地球生态系统的物质和能量循环中扮演着重要的角色——大量的碳（所有生态系统的能量货币）可以通过共享真菌共生体的菌丝在树木之间流动，甚至在物种之间流动。

菌子和森林的故事，一直在上演。在可预见的时光里，也会一直上演下去。

10   菌子的驯化

　　今天我们走进超市的蔬菜区，可以在货架上看到很多人工栽培的食用菌，比较常见的包括（以下名称是商品名，非正式名）：香菇、黑木耳、平菇、金针菇、杏鲍菇、双孢蘑菇、草菇、茶树菇、鸡腿菇、竹荪、羊肚菌等。最近两年，超市里的食用菌又增加了不少新品种，包括黑皮鸡枞、黑牛肝菌、大球盖菇、金耳、栗蘑、榆黄蘑等。无论哪一种，我们都可以轻而易举地将其放进购物车带回家，做出一桌美味。

　　然而，从山野到餐桌，食用菌从野生走向人工栽培，经过了数千年漫长的历程。

　　实际上，在全世界，包括中国，人工栽培食用菌已经是一个巨大的产业，可商业化栽培的品种达到近百种。中国食用菌协会的调查统计显示，2020年，全国28个省、自治区、直辖市（不含宁夏、青海、海南和港澳台）的食用菌总产量达到4000多万吨（鲜品），总产值3400多亿元。按地域来看，排名前五的是河南、福建、山东、黑龙江、河北五省。按品种来看，排名前五的是：香菇、黑木耳、平菇、金针菇、杏鲍菇。其中，香菇的产值占了近30%。

　　香菇、木耳等在中国人的餐桌上有如此重要的地位是有原因的——中国是世界上公认最早进行野生菌人工栽培的国家，明确的文献记载出现在唐代，实际的栽培时间应该更早。

　　目前能够人工培育的菌子，几乎都是腐生类型的，包括木腐生和草腐生。正是利用菌子和植物的腐生关系，中国古代有智慧的人发现了人工培育菌子的方法。659年，唐代苏敬主持编纂的世界上第一部国家级药典《唐本草》记载："桑、槐、楮、榆、柳，此为五木耳软者，并堪啖……煮浆粥安诸木上，以草覆之，即生蕈尔。"将米煮成粥然后撒在木头上，用草盖上，不久就会长出木耳。这是中国古代木耳栽培技术的最早记载。

除了木耳，还有香菇，古称香蕈，最早的记载出自西晋张华（232—300年）的《博物志》——"江南诸山郡中，大树断倒者，经春夏生菌，谓之椹（葚）"。据考证，"椹"是"蕈"的同音字，指香蕈。为什么起名香蕈呢？许慎《说文解字》有解释："蕈，长味也。"李时珍在《本草纲目》中进一步解释："蕈从覃（tán）。覃，延也。蕈味隽永，有覃延之意。"正是因为它能持续散发香味，晒干之后尤其明显，所以起名香蕈。

香蕈好吃，但天然的野生香蕈满足不了人们的需求，于是古人开始探索人工种植菌子的技术。唐代末年韩鄂所著的《四时纂要》，详细记载了种菌子的方法："三月（农历），种菌子，取烂构木及叶于地埋之，常以泔（淘米水）浇令湿，三两日即生。又法：畦中下烂粪，取楮可长六七寸，截断槌碎，如种菜法，匀布，土盖。日浇润之，令长湿。随生随食，可供常馈。"

构树今天很常见，也叫楮树，经常用作菌子的培养基质。用淘米水进行浇灌，是为了给菌子提供水分和糖分。实现人工种植之后，菌子可以随生随食，又方便又新鲜。能被人类选中进行培育种植的都是优质品种，虽然《四时纂要》没有明确指出当时人们所种的菌子是哪个品种，可能是鸡腿菇，也可能是金针菇，但据学者考证，更有可能是香蕈。

关于香蕈的人工栽培，最明确的文字记载出自南宋淳熙十六年（1189年）何澹所著的《龙泉县志》："香蕈，惟深山至阴处有之。其法：用干心木、橄榄木，名'蕈檽'（zhēn，同榛），先就深山中砍倒扑地，用斧斑驳锉木皮上，候淹湿，经二年始间出，至第三年蕈乃通出。每经立春后，地气发泄，雷雨震动，则交出木上，始采之。以竹篾穿挂，焙干。至秋冬之交，再用工偏木敲击，其蕈间出，名曰'惊蕈'。"

这里的关键技术有两个：一个是砍花，另一个是惊蕈。砍花，就是用斧头在木头上砍出一道道坎，这便于孢子着床和菌丝生长。惊蕈，就是用软木棍敲打木头，通过外力刺激菌丝发育，长出子实体。

这种栽培香蕈的方法叫"砍花法"，据文献记载和史料考证，由南宋时期浙江丽水市庆元县的农民吴三所创。据说吴三经常在山里采食美味的香蕈，他发现香蕈喜欢生长在斧头砍过的部位，而且木头被敲击后，出菇数量更明显。经过不断探索，吴三终于掌握了香蕈的种植方法，他还将这个方法教给了其他乡民。吴三因此被称为吴三公，亦被奉为"菇神"。

香菇栽培砍花法，王科宇绘

1313年，元代王祯所著的《农书》就收录了这个方法。王祯在开篇引用《四时纂要》，然后接着说："今山中种香蕈，亦如此法，但取向阴地，择其宜木（枫、楮、栲等树），伐倒，用斧碎斫成坎，以土覆压之，经年树朽，以蕈碎剉，匀布坎内，以蒿叶及土覆之，时用泔浇灌。越数时则以槌棒击树，谓之惊蕈。雨雪之余，天气蒸暖，则蕈生矣。"

"砍花法"和"惊蕈术"影响巨大，意义深远。这种方法大约在十四世纪传到了日本。1796年，日本林学家佐藤成裕整理而成的日本香菇栽培著作《惊蕈录》问世，其中"惊蕈"的工艺正是来自中国古代。

香蕈等菌子从采集走向了农业种植，这是一个巨大的飞跃。其背后是人类生产方式的变革，也是生活方式的巨变。对于人们而言，只需要很少的投入，就可以增收创利。王祯在《农书》里总结道，只需要种一次，就可以采收多年。新鲜的时候可以吃，晒干了还可以卖。宋末陈仁玉所著的《菌谱》记载，合蕈（香蕈）数十年间一

野生金针菇

直是皇家贡品，价值不菲。

明代著名戏曲家、养生学家高濂在《遵生八笺·野蔌类》中记载的人工种植方法更为具体：腊月砍几段一尺长的朽木，扫一些烂树叶子，找一个背阴而湿润的地方，一起埋起来，像种菜一般。春天的时候，用淘米水进行浇灌。等到菌子冒头以后，每天用淘米水浇三次，菌子就能长到拳头那么大。

除了香蕈，中国古代驯化的野生菌还有鸡腿蘑菇，中文正式名为毛头鬼伞。相对于南方的香蕈，鸡腿菇在北方更为常见。北魏贾思勰《齐民要术》中的"焦菌法"，就记载了鸡腿菇的吃法。相比其他人工菌，鸡腿菇虽然也很美味，但因为其成熟后变黑具有毒素不堪食用，加之其所含氨基酸类毒素——鬼伞素会抑制酒精分解，所以商品化推广不如其他几种。

除了鸡腿菇，北方还有一种常见的野生菌也经过了驯化，那就是野生金针菇，其中文正式名为"冬菇"。它很耐寒，在北方雪地里都可以出菇生长。野生金针菇和栽培金针菇的拉丁名曾经都是 *Flammulina velutipes*，毛柄金钱菌。这个名字对应了野生金针菇的两个特征：菌帽金黄，菌柄有黑色茸毛。然而我们常吃的金针菇是白色的，这是怎么回事？原来，如果将金针菇进行暗培养，且提高二氧化碳的浓度，它就会形成白色、长柄、小菌盖的子实体。人们发现白色的金针菇比野生金针菇更讨喜，于是就发力培育白色品种。这就是今天超市售卖的金针菇都是白色大长腿的原因。

双孢蘑菇也是重要的人工栽培品种。今天超市货架上售卖的被叫作"口蘑"的人工菌，就是双孢蘑菇或四孢蘑菇，也叫洋蘑菇、西洋草菇，十七世纪初由法国农学家成功培育，目前已经发展为全球栽培量最大的食用菌，每年产量达150万吨。二十世纪三十年代开始，中国从法国引入双孢蘑菇进行人工种植，此后双孢蘑菇在中国的种植规模不断扩大。因为其幼时状态和草原口蘑比较相近，双孢蘑菇被冠上了"口蘑"的商品名，走上了很多家庭的餐桌，久而久之，人们反而不在意真正的口蘑其实是经张家口进入关内的草原蘑菇。

超市里常见的平菇和杏鲍菇的产量也很大，它俩其实是亲戚。平菇的英文名是"Oyster Mushroom"（蚝菇），杏鲍菇的英文名是"King Oyster Mushroom"（王者蚝菇），也就是平菇王。

在中国大城市的高端生鲜货架上，还有两种人工菌的新成员值得一提，那就是黑皮鸡枞和黑牛肝菌（商品名）。这俩就商品名称而言，都是蹭流量、名不副实的家伙。黑皮鸡枞的中文正式名为卵孢小奥德蘑，其野生品种在云南叫露水鸡枞，很常见，吃起来滑滑的。黑牛肝菌的中文正式名为暗褐脉柄牛肝菌，野生种主要分布在热带（西双版纳），由云南省热带作物科学研究所栽培成功，是世界上第一个被成功栽培的牛肝菌品种。虽然不是真正的黑牛肝菌，但是其口感比其他人工菌突出，所以卖得上价钱。

虽然在云南人眼中，人工栽培的"蘑菇"无法和野生的"菌子"相提并论，但是就产业规模而言，前者是后者的数十倍。人工栽培食用菌作为野生食用菌的延伸，和后者一起构成了一个完整的菌子世界。

露水鸡枞/卵孢小奥德蘑，柳开林摄（云南楚雄）

黑牛肝菌/暗褐脉柄牛肝菌，柳开林摄（广东潮州）

11 菌子与茶叶

比较研究是一种有意思的视角。云南刚好有另一种重要的、可以称之为云南名片的独特物产，那就是普洱茶。识菌之旅的最后一节，我想谈谈菌子和茶叶。

一壶茶，几个人，品茗谈天。这是茶叶的消费场景。而吃菌子，最好是一家人围桌而坐，要么炒、要么煮，菌子就米饭，大快朵颐，酣畅淋漓。茶叶和菌子，一个主静，一个主动，各自有其独特的信息和能量。

菌子和茶叶，都早早进入了古代主流书写者的视野（虽然他们写的大多不是云南的菌子和茶叶）。茶叶经唐代茶圣陆羽《茶经》一书的著述，成为古代皇家和士人阶层所追求的生活方式必需品。到了宋代，经过皇帝的提掖，更是成为天下之风尚——宋徽宗为茶叶写过一部专门的书，叫作《大观茶论》；欧阳修、苏东坡都以得到皇上赠送的茶叶为荣。相比之下，《菌谱》和《广菌谱》等菌子的专著，就没有那么大的影响力和普及度了。其差别是由两者对古代人们生活方式和经济税收的不同影响导致的。

北宋王安石《议茶法》云："茶之为民用，等于米盐，不可一日无。"无论是老百姓的柴米油盐酱醋茶，还是高雅之士的琴棋书画诗酒茶，从唐宋开始，茶在社会各阶层的生活中都扮演了重要的角色。

云南是茶叶的故乡，学界公认为全世界茶叶的发源地。云南勐海和勐库，有不少树龄在两千年左右的古茶树王，至今屹立不倒。和菌子一样，茶叶也是初级农产品，最初都是供药用和食用的，茶叶的幸运之处在于，古茶树的生命能穿越千年的时光。而菌子的子

古茶树

实体，生命只有一季。

云南茶叶的另一个幸运之处，在于它很早就成为古代"茶马贸易"的主角，这一历史从唐代南诏时期就已经开始。每年春天，云南大叶青种茶树鲜嫩的叶子被采摘之后，经过萎凋、杀青、揉捻和晒青等工艺，就可以做成各种饼状或坨状的茶青（主要靠蒸的工艺）。在普洱集散之后，通过滇藏茶马古道与西藏地区进行茶马互换贸易，变成银钱或成为某种硬通货。普洱茶能承担这个使命，在于制茶工艺的完善，能让山林茶木之叶，经过长途贩运，行销千里之外。

明代王廷相的《严茶议》总结了茶叶和茶马互市的重要性，认为其事关国家："茶之为物，西戎吐蕃古今皆仰给之，以其腥肉之食，非茶不消；青稞之热，非茶不解。故不能不赖于此，是则山林茶木之叶，而关国家政体之大，经国君子，固不可以不以为重而议处之也。"藏区饮食以动物蛋白、脂肪及青稞类碳水（糌粑）为主，除了解渴、解腻，茶叶为藏区人民提供了日常生活所必需的营养物质。

除了茶马互换供给西藏地区，普洱茶也一路北上，成为京师权贵与富人钟爱的饮品。在明末清初孙旭所著的《平吴录》中，有这么一条记载：吴三桂每年要费银数万，两次进奉清太后及格格普洱茶等珍奇物品。清雍正四年（1726年），云南总督鄂尔泰在云南推行"改土归流"政策。雍正七年（1729年）设置普洱府，将普洱茶列为贡茶，自此普洱茶开启了一段辉煌的历史。

云南茶叶的主产区，位置比较靠南，包括西双版纳、临沧和普洱，纬度都比菌子的主产区低。菌子的主产区，以楚雄等滇中地区为主，纬度相对较高。相比菌子，云南的茶叶喜欢更暖和、更湿润的地方。不过，两者的生长区域和环境，有很多重合及相似的地方。它们也会一起出现在采购清单中。在孙旭所著的《平吴录》中，吴三桂就将鸡㙡、茯苓等菌类作为云南特产进献给清朝皇室，和普洱茶并列。作为云南这片神奇土地的物产，菌子和普洱茶相比，成为贡品的时间并不晚，但在很长一段时间里，菌子的知名度没有普洱茶高。主要原因在于，云南所产的野生菌，在漫长的历史时间里都很难成为流通性的大众商品，因为从贡品到商品，要跨越巨大的鸿沟，包括生长方式、加工工艺、物流集散、道路交通、消费认知等。

在笔记和野史中，鸡枞和鸡枞油作为贡品的时间甚至更早，但是由于无法人工种植及大规模采收，无论在古代还是在今天，菌子都没法成为大规模销售及食用的产品。而被誉为绿色黄金的茶叶，已经实现了大规模种植和贸易，清代以来甚至成为清政府国库白银的主要来源（红茶出口英国），引发了英帝国巨大的财政赤字。在加工方式上，茶叶的揉捻和杀青、发酵等工艺，激发了茶叶所含丰富物质的更多风味；而野生菌一旦脱离土壤，变成其他形态，风味就损失了六七成（虽然煲汤也很鲜美）。即便在今天，在野生菌的主产区，云南人民对新鲜菌子的喜爱，是烘干或晒干的菌子无法相提并论的。不过，今天的急冻锁鲜技术和冷链物流网络，能够保留菌子七八成的鲜品风味，但成本相对较高，这也阻碍了更多人食用新鲜野生菌。

普洱茶之名，最早记录于明末方以智所著的《物理小识》，书中卷六"饮食类"记载："普洱茶蒸之成团，西番市之。"那时普洱茶是"蒸之成团"，且销往藏区（西番）。成书更早的《南园漫录》记载了云南保山的鸡枞，且被收录进《四库全书》，比方以智记载普洱茶早了一百多年。明、清两代，云南的茶叶和菌子都纳入了税赋，显而易见，茶叶所贡献的税收规模更大。

最终在消费认知上，菌子和茶叶呈现出巨大的区别，总结起来，即菌子对云南人很重要，茶对全国人民很重要。不过，有一点是相同的，云南古代菌子和普洱茶的出滇北上之路，走的是同一条道，那就是"蜀身（yuān）毒道"。

蜀身毒道，指古代从四川成都（分两条线，在大理汇合），经云南大理、保山、德宏进入缅甸，再通往印度直至地中海沿岸的重要贸易交通线，被称为西南陆地的"丝绸之路"。在这条古商道上，中国商人通过掸国或身毒商人与大夏的商人进行货物交换，这是古代不同地域间文化和商品流通的大动脉。

司马迁《史记》记载，汉武帝时，张骞通西域，在大夏国发现了来自蜀地的物资，隐藏在贸易交通链条之下的"蜀身毒道"浮现出来。在张骞的力谏之下，汉武帝决定征讨西南夷。经过多年征战，公元前109年，滇国终于臣服，汉朝在滇国一带设置了益州郡；公元69年，东汉在西南最边远的永昌（今保山）设立永昌郡（意为永续昌明），同时设不韦县作为郡治。

蜀身毒道终于打通，意味着汉帝国的影响力可以通过东南亚辐射中亚，这是雄才大略的汉武帝无法拒绝的。这也意味着商流、物流、资金流和信息流的双向流动，边地的物品也借此通向中原，蜀身毒道成为文明互通的桥梁。

我们可以设想一幅画面：来自西双版纳的茶叶和来自保山的鸡枞（烘干或做成鸡枞油）、茯苓等菌类，在大理集散之后，伴随着马帮的阵阵铃铛声响，经由五尺古道，再经过水路或陆路，进入京城。这个过程持续了漫长的历史岁月，留下了时光的印记。普洱茶在清宫留下了"金瓜贡茶"这样的国宝遗产（藏于故宫博物院），并且经过中国香港和台湾茶人在二十世纪中后期的宣传和努力，今天已经成为与其他六大茶类并列的第七大茶类。与经过传统文化审美、经济贸易及产业链驯化的普洱茶不同，菌子还是保留着它的山野之气，无法被驯化，也无法大规模生产，只能手工采摘，多数时候需要现场交易，并讲究即时和就近消费。

大部分时候，菌子还是只属于云南人的狂欢。这种狂欢，从每年夏初雷雨之后，漫山遍野冒出来的小精灵和络绎不绝的拾菌子活动开始。

拾

拾菌记

Part 2

01 原则和仪式感

凡蕈有名色可认者，采之；无名者，弃之。当拣去无名者及与好蕈形似者，庶可食之。——吴林《吴蕈谱》

本章讲拾菌子，首先应该铭记的是如何拾菌子不会丧命。有人整理了关于毒菌子的七个传言，基本都与采菌子、识别菌子有关。前四条涉及颜色、地点、形状、气味；后三条是所谓的间接判断方法，有些方法在古代就已经流传。

传言一：鲜艳的蘑菇都是有毒的，无毒的蘑菇颜色朴素。

真相：白毒伞具有光滑挺拔的外形和纯洁朴素的颜色，还有微微的清香，但它是世界上毒性最强的大型真菌之一。有毒与否与颜色无关。相反，很多美味的菌子也有鲜艳的颜色，比如兰茂牛肝菌、大红菌、鸡油菌、黄牛肝菌、蓝紫蜡蘑等。

传言二：可食用的无毒蘑菇多生长在整洁的草地或栎树下，有毒蘑菇往往生长在阴暗、潮湿的肮脏地带。

真相：所有蘑菇都不含叶绿素，无法进行光合作用，只能寄生、腐生或与高等植物共生，它们都倾向于生长在阴暗、潮湿的地方。

传言三：毒蘑菇往往有鳞片、黏液，菌杆上有菌托和菌环。

真相：同时生有菌托和菌环，菌盖上有鳞片，是鹅膏属的识别特征；可食用的草菇、香菇和中华鹅膏菌（麻母鸡）也是有菌环和鳞片的。但是坚持这一条，能帮你避开绝大部分的剧毒蘑菇。

传言四：辛辣、酸涩、有苦味的蘑菇有毒。

真相：有毒的蘑菇大多不适口，但要知道，许多毒蘑菇都没有明显的特殊气味。不过，这一条可用于判断大部分不适合吃的菌子，毕竟味觉是远古人类筛选食物的第一关。

传言五：毒蘑菇虫蚁不食，有虫子取食痕迹的蘑菇是无毒的。

真相：人和昆虫的生理特征差别很大，同一种蘑菇很可能是"彼之砒霜，我之蜜糖"。大部分牛肝菌到了晚期，都会生白色的小虫。"要知道昆虫的胃和我们的胃是不一样的，我们觉得有毒的蘑菇，它们总是认为好吃；可是我们觉得非常好的蘑菇，它们却觉得有毒"，我们记住著名博物学家法布尔的话就行。

传言六：白醋能使蘑菇汁变色或牛奶能在蘑菇上结块的就是毒蘑菇。

真相：白醋遇到碱性物质都会变色，牛奶遇到酸性或碱性物质都会变性而结块，但酸碱性与蘑菇的毒性并不相关。

传言七：毒蘑菇与银器、大蒜、大米或灯芯草同煮，可致后者变色；毒蘑菇经高温烹煮或与大蒜同煮后可去毒。

真相：这一条内容常见于描写菌子的中国古籍，欧洲古代也有类似的认知。十五世纪出版的意大利美食著作中就有类似的论述：烹调蘑菇时，人们通常会加入大蒜，有时还会放入一枚银币。据说一旦银币变黑，就说明蘑菇有毒（《达·芬奇的秘密厨房》）。看来，这一条是全世界古人普遍经验的总结。其实所有毒蘑菇都不会使银变黑（使银器变黑的是砒霜），目前也尚未发现任何与毒蘑菇同煮变色的物质，包括姜、蒜、大米和灯芯草。不同种类的毒蘑菇所含的毒素具有不同的热稳定性，如见手青煮熟后毒素就会分解，但有些毒菌子烹饪之后，毒素依然存在，所以这一条只适用于牛肝菌里的几种见手青。炒菌子放大蒜，可以提香倒是真的。

"此虽言一乡之物，而四方贤达之士宦游流寓于吴山者，当知此谱而采之，勿轻食也。"清代康熙年间，苏州有很多喜爱拾菌的人，吴林为了帮助人们准确辨识各种野生菌，避免中毒，专门写了《吴蕈谱》一书，并总结了避免误食毒菌的原则及方法，即"不熟不采"。

在云南，吃菌要秉持"三熟"原则：不熟悉的菌子不采不吃，烹饪菌子要彻底做熟，去医院的路也要熟。其中最重要的是第一条，只要在源头把好关，就很安全。我从上小学起就开始采菌子、吃菌子，从来没中过毒，一直坚持的就是前两条。有时候，遇到不确定能不能吃的菌子，就会问问大人；不能确定可以食用的，就果断扔掉。

某种菌子／蘑菇能不能吃，其实是个很复杂的问题。能吃的前提是吃了不会损害身体，这又分几种情况。第一，本身无毒，外观形态易识别，如几乎所有人工栽培的蘑菇，以及大部分可食用的无毒野生菌。第二，本身有毒素，但是通过加工可以分解毒素，比如牛肝菌中的见手青品类。第三，幼嫩时可食，但随着生长形态变化会产生毒素，如毛头鬼伞（鸡腿菇），而且食用后三天内不能饮酒，因为其所含的鬼伞素会抑制酒精分解，导致中毒。第四，有一些菌子，在很长的历史时期内可食用，但后来出现了中毒案例，如毡毛小脆柄菇，早期资料认为其可食用，最新的资料介绍其会导致精神型中毒。此外还有欧洲常见的水粉杯伞、马鞍菌、鹿花菌、卷边桩菇等。尤其卷边桩菇，以前人们长期食用，直到1790年，欧洲有位真菌学家吃了它中毒身故，人们才了解其溶血型毒理机制。

古今中外的很多资料都有关于菌子／蘑菇中毒的记载。搞清楚菌子的毒性及其作用机制，一直是菌物学家不断研究的方向。经过数代人的努力，菌物学家终于搞清楚了大部分有毒真菌及其作用机制，大体而言有七种类型：急性肝损害类型（鹅膏菌属、盔孢伞属、环柄菇属的毒菌）、急性肾衰竭类型（丝膜菌属、鳞鹅膏组的毒菌）、神经损害型（毒蝇鹅膏菌、裸盖菇、兰茂牛肝菌）、胃肠炎型（大青褶伞、日本红菇等）、溶血型（卷边桩菇）、横纹肌溶解型（油黄口蘑、亚稀褶红菇）、光过敏性皮炎型（污胶鼓菌、叶状耳盘菌）。

大多数采菌子和吃菌子的人都不是专家，也没有条件提前研究专业的著作。他们依赖的是富有祖先智慧的生活经验。对我来说，采菌子还有一个不成文的守则，那就是很多无毒、可食用，但口感不怎么好的菌子，基本不会采。如果遇到有毒的菌子，会将其破坏，以免其他人误采误食。

记住以上这么多条，如果你还是不认识菌子，该怎么办？除了看书和学习，掌握一些基本知识和要领，更重要的是上山。只有上山，才能知行合一，获得最鲜活、生动的知识经验及生命体验。菌子拾得多了，它们自然就认识你了。在此之前，最好有一个拾菌老手带领。

对于新人来说，上山拾菌之前，要有自己的行头。虽说理论上什么行头都没有，也可以上山拾菌，但是生活要有仪式感，拾菌子也一样。

首先，一双舒适而防滑的鞋子是必需的。一旦到了山上，你会发现菌子生长的地方都没有路。

露水鸡㙡、红菇、黄罗伞，柳开林摄（云南楚雄）

常走的路边大概率是没有菌子的，有也不会轮到你。菌子要么在坡上，要么在沟里，要么在草丛里或灌木丛中。总之路都不好走，有时候还比较滑，尤其早上露水重的时候或者下雨天。鞋子的舒适度也很关键，因为要走很多路，一会儿上一会儿下，舒适的鞋子能让你更专注。

穿什么样的衣服也有讲究。白色系的衣服最好别穿，因为很容易弄脏，不好洗。长袖、长裤可以防止被树枝剐伤，但是最好透气，因为会出大量的汗。另外，如果阴天上山，需要备好帽子或雨衣。雨伞不适用，它会挡住光线和视线，撑着伞在林中行走也很费力。

还需要一根棍子。棍子的作用有很多。首先是省力，可以用棍子拨开树叶或草丛，方便发现菌子，减少弯腰的次数。其次是拨开挡路的蜘蛛网，下雨天或有露水的早晨，还可以用棍子扫去草丛和树枝上的水珠，以免打湿衣服和鞋子。还有就是万一遇到蛇，手里有根棍子心里不慌。一头削尖的棍子还有一个妙用，就是当你遇到鸡㙡的时候，可以当锄头用，把宝贝挖出来。鸡㙡的根很长，小时候大人就告诉我们，挖鸡㙡最好用木棍或竹棍，不要用铁器。铁器会破坏鸡㙡的窝（其实是白蚁窝），明年就不长了。

最后，你需要一个装菌子的篮子或竹篓。篮子和竹篓有型，娇嫩的菌子拾获以后放在里面不易碰碎，而且篮子比食品袋透气，有利于菌子的呼吸。采菌子的小姑娘通常背着小背篓，是有原因的。

棍子或背篓这些东西，都是拾菌子人家里常备的物件，平时放在墙角，一旦菌子季节来临，它们就派上了用场。如果讲究的话，还可以带一把小刀。菌子的根部和帽子上，通常都带着一些泥土。有了一把称手的小刀，可以在山上就把泥土削掉。有些伞状的菌子，如大红菌、鸡油菌、青头菌，都有菌褶，泥土容易掉到菌褶里，回家以后不容易收拾和清洗，不如在采菌子的时候去掉，一劳永逸。

山乡里的拾菌人，每天天刚蒙蒙亮，就带上工具出发了。他们不会考虑防晒的问题。如果怕晒，可以拿块轻便头巾或宽檐帽子。如果没有吃早饭就出发，可以带上一些水果和干粮，在山上吃别有风味。讲究一些的话，再带上几瓶水，如果中午或下午上山，体力消耗很大。

所以，简单配置就是一根结实的棍子，加上提篮或背篓。高配版就是户外用的衣服、鞋子，零食、水，还有防晒用品。我小时候上山拾菌，就是简单版：左手开山棍，右手提篮，奔向充满可能性的神奇山林。有时候会叫上兄弟姐妹一起，说说笑笑，开心无比。

02 惊雷菌子出万钉

带来肥沃的阵阵雷鸣，是何其甜美的声音，它能够用菌子覆盖大地。——迦梨陀娑《云使》

"五月殷殷雷鸣时，牧童樵叟争取之。"民国时期腾冲人李学诗的《鸡𡑮》写道。每年农历五月前后，所有人都在等待一场雷雨。对云南人来说，夏天的第一场雷雨就是信号，意味着不久后就可以上山采菌了。对云南山间的小精灵而言，夏天的一场惊雷就像是发令枪，它们早已迫不及待要钻地而出。

北宋的江西大名人黄庭坚，有一首回应苏东坡关于春菜的诗，记录了近千年前菌子和雷雨的故事——"惊雷菌子出万钉"。那时人们已经注意到了雷雨和菌子的关系。在腾冲，人们给鸡𡑮破土而出前后打的雷，起名叫"鸡𡑮雷"。无独有偶，在菲律宾吕宋岛中部，人们把鸡𡑮叫作"雷伞菌"（*Payungpayungan kulog*）。也许是夏日雷电带来的氮元素和雨水的作用，让菌丝获得了大量的营养和水分。打雷时，空气中的氮气与氧气在放电条件下生成一氧化氮，一氧化氮与氧气生成二氧化氮，二氧化氮再与水反应生成硝酸，为菌丝和植物提供了大量的氮肥，有利于菌子的生长。这一切，发生在电光石火之间。

古代有很多种因雷得名的菌子。《本草纲目》在介绍云南鸡𡑮的时候，顺带介绍了广西横州出产的雷蕈："遇雷过即生，须疾采之；稍迟则腐或老，故名；作羹甚美，亦如鸡𡑮之属。"这一介绍原封不动地出现在与李时珍同时代的潘之恒的《广菌谱》中。清代吴林的

谷熟菌（松乳菇）

《吴蕈谱》也提到了一种以雷命名的菌子，并将其列为上品第一名："雷惊蕈……二月应惊蛰节候而产，故曰雷惊……色黄者曰黄雷惊，嫩黄如染色，似松花，故又名曰松花蕈，味殊胜。"苏州这种黄色的松花蕈，其实就是松乳菇，也叫谷熟菌。

无论如何，菌子都是关于时间的故事。经历季节轮回，积蓄了无穷能量的菌丝，就这样被一场雷雨唤醒："戴穿落叶忽起立，拨开落叶百数十。"南宋另一位江西大诗人杨万里也喜欢菌子，是个懂菌子的生活家，一连写了好几首菌子诗。无论是"出万钉"还是"百数十"，诗人夸张的笔触中都带着喜悦。可惜他们没有生在云南。

雨水充沛且来得早的地方，端午前后就会出菌子，比如普洱地区。楚雄地区的雨季要晚一些。小时候，拾菌的季节总是伴随着暑假。几场雨水过后，陆陆续续会听到哪户人家已经上山采到菌子、尝到第一口鲜的不经意的言谈。于是在暑假的某一个清晨，勤快的小孩子也开始上山。我小时候爱睡懒觉，暑假就更不爱起早了，但是拾菌，我是有极大动力的。等到了山上，发现有好几个邻居家的小伙伴，已经收获了满满的菌子，快要下山回家了。可见人家起得有多早，我猜是早上六点多，一个我永远也赶不上的时间点。起得早的好处是凉快，而且能抢先捡到前两天出的菌子。至少他们是这么想的。不过，菌子会厚待每一个人，哪怕像我这样，八点多才出门。但太早也有坏处，那就是林子密的地方，光线太暗看不见，而且早上露水太重。这个理由我一直用来解释为什么八点出门最好。

一声惊雷，万菌齐出。然而，最吸引拾菌人的，永远是"菌中之王"鸡枞。在老家有一个爷爷辈的远房亲戚，从我记事起，他就是鸡枞专业户。他的脑袋里似乎有一本鸡枞地图和日历，他知道哪里有出鸡枞的白蚁窝，每年大概几月里的哪几天能挖到鸡枞。当然，他不会告诉旁人，因为鸡枞很值钱，可以拿去卖，他每年能卖几千块钱呢。别人也不会问他，因为知道问了他也不会说。去年夏天回老家，我和他一起吃饭的时候，他还拿出手机里录的视频给大家看。几杯酒下肚，我们就逗他，你拍的是真鸡枞窝吗？明天能不能带我们去，我们帮你一起挖？他就笑一笑，说肯定是真的，但是对于我们帮他一起挖的提议，避而不答。

小时候没有这么方便，可以用手机录视频、拍照片，看了那些挖鸡枞的视频我才知道，他可能早上四五点就出门了。他打着手电，有时候会戴个头灯，周围一片漆黑。起这么早的另一个理由是，别人可能也知道同样一窝鸡枞的地点和钻土而出的大致时间——就看谁起得更早、运气更好了。有的时候也会扑个空，头一天看好的鸡枞苗，刚把土壤拱出几个裂缝，打算再养养，第二天一去，就发现被其他人捷足先登了。挖鸡枞的机会永远无法被垄断，知道不等于拥有。这就是鸡枞有意思的地方。

我一直很佩服他这样的人，因为我知道自己成不了鸡枞专业户。我归结于自己运气不好，实际上也不想起那么早。鸡枞出自白蚁窝，而白蚁窝大多长在离人近的田间地头。相比较而言，我更喜欢上山，山上的菌子更多，风景也更好。

清晨站在老家的山上，整座县城尽收眼底。县城坐落在几面环山的坝子里——坝子是我们对云贵高原常见的山间小盆地的叫法。县城的房子错落有致，或青或白；再远一些是层峦叠嶂如水墨画一样的山峰，中间绿油油的地方，是一大片一大片墨绿的稻田。如果9月、10月清晨上山，山下梯田一片金黄，太阳从山后跳出来，照得金光灿灿。阴雨天气，则雾霭笼罩，湿润而宁静祥和。

老家出菌子的山绵延好几里，呈西北—东南走向，西北方向去往大理，东南方向直通昆明。2021年，一条高速公路从山前穿过，无论去哪个方向，都是一百八十公里左右，开车两个小时。去年夏天，回家采完菌子，回头一看，时不时有几辆车开过。但县城还是那个县城：这边有几座房子，是上小学的地方；那边有一片楼房，是上中学的地方——与山上的菌窝子一样，变化不大。

菌子也有窝，就像鸡㙡有自己的家。但是菌窝子不像鸡㙡的那么固定，只有大致的范围，而且范围更大。鸡㙡的孢子传播，依赖于白蚁的行动，而白蚁很少搬家。其他菌子的孢子传播，有很多种方式。有时候靠风，比如美丽的彩色豆马勃，成熟以后香风阵阵，撒下万千子孙；有时候靠虫子，很多虫子和人一样也爱吃菌，顺便就把孢子带到别处；有时候靠拾菌人，拾菌人通常会把不新鲜或者腐烂的菌褶扔到旁边，无意中帮菌子完成了孢子的撒播，第二年，那些地方就会长出几朵。正因为菌子有窝，拾菌子的人只要肯花时间，就会有收获。无论什么时候上山，都不会空手而归。

整个云南地区，可以拾菌的季节从5月一直到10月，经夏到秋，最保守的地方也有四个月的时间。对于放暑假的学生而言，拾菌主要集中在7—8月。一开始是红菇和青头菌，运气再不好都能找到不少。慢慢地，牛肝菌就多了起来，尤其是雨量最大、天气最热的那段时间，松针底下和草丛中都有它们可爱的身影。红、白、黄三种奶浆菌也喜欢下雨的天气，暴雨之后的第二天，必定能在山涧边采到几兜。还有皮条菌（蜡蘑），它也爱雨水，也喜欢长在水沟附近。菌子以各种颜色轮番上阵，正是"如盖如芝万玉立，紫黄百余红间十"。

谷熟菌（松乳菇）和黄罗伞（黄蜡鹅膏或凸顶红黄鹅膏）则负责菌子季的收尾。前者的名字透露出它的时令。谷熟菌大量上市的时候，就是谷子黄了的时候。而后者，是鹅膏菌所属里少数可食用的美味菌子，与罗马皇帝恺撒最爱的橙盖鹅膏菌（恺撒菇）很相近。不过，我更喜欢它的另一个名字：黄罗伞。金黄的颜色预示着秋天收获季节的来临，巧合的是，谷熟菌也是黄色的。

10月以后，山上拾菌的人渐渐少了。乡间逐渐忙起来，该收谷子和玉米了，学校已经开学。然而在云南的香格里拉和西藏的林芝，松茸的生长时间更长，可以持续到11月。

长长的采菌季，山珍带给人们的回馈，除了美味营养以及经济上的收入，更多的是采菌子的乐趣。这种乐趣，不独今人，古人亦如此。清代腾冲（属永昌，即保山）诗人尹艺有一首《鸡枞》，记述了自己采鸡枞的快乐："南中六七月，湿热蒸溽暑。一夜惊雷鸣，鸡枞竟破土。"在诸葛亮七擒孟获的故事发生地南中，农历六七月，正是鸡枞高产的时节。惊雷过后，鸡枞争先恐后，破土而出。

"晓起行郊原，俯拾入筐筥。或如笠影圆，或如伞擎举。或作荷盖张，或作鸡翅舞。"他早早起来，不知道有没有点火把。来到郊外的原野，只管弯腰拔鸡枞——刚冒头的像斗笠，冒头时间久一些的像雨伞，更大一些的像张开的荷叶，又像鸡的白色羽毛。弯腰就能捡，他可能遇到了一窝火把鸡枞。

火把鸡枞，一出总是一大片。运气好的时候，一窝能出好几百朵，几个篮筐都

黄蜡鹅膏，泡泡的梦想家园摄（云南楚雄）

装不下。每年农历六月二十四前后（公历通常是7月下旬），是云南彝族、白族、纳西族和基诺族等彝语支系民族的重要节日——火把节，也叫星回节，文献记载始于南诏时期。我小的时候，火把节是楚雄、大理等地的法定节日，要放好几天假。

火把节前后，也是火把鸡枞最多的时候。其实，除了与时令季节的关联，鸡枞和火把节的故事还在于文化传统。

"松炬荧荧宵作午，星回令节传今古，玉伞鸡枞初荐俎。"在半个云南人杨慎所作的《渔家傲·滇南月节》中，有一首写的正是云南火把节的风物习俗。荐，敬献之意；俎，指古代祭祀及燕飨时陈放物品的器具。火把节前后，正是云南鸡枞上市之时。人们点燃松枝做的火把，围成一圈欢歌载舞，将午夜照成了白昼。鸡枞作为神

仙美食，自然要首先敬献给神明及祖先。火把节以鸡枞祭祀，也许从南诏时就已经开始了。

火把节前后，腾冲人尹艺满载鸡枞而归。回到家来，小心、仔细地清洗干净，或炒或煮，"味尤鲜且腴，百美姑一数；香蕈嫩不如，蘑菇清非伍"。对他来说，鸡枞之美，百里挑一。论鲜嫩肥腴，香菇自愧不如；比香味浓郁，其他菌子罕能与之匹敌。

不同时代的人们虽然隔了几百上千年，但采到鸡枞和其他菌子的喜悦，吃在嘴里的香味，依然那样鲜活。除了味觉体验，惊雷菌子出山间，也是一种以家族为单位，关于美味的时间与空间的记忆传承。

菌子和惊雷之间存在神秘的关联，不仅中国的古人见微知著，全世界很多地方的人，也有类似的发现和描述。在《蘑菇、俄国及历史》一书中，瓦莲京娜·帕夫洛夫娜·沃森研究发现，全世界不同地方的人，都不约而同关注到了菌子和雷电之间的特殊联系。

在墨西哥，比玛雅人历史更早的萨波特克人认为，神圣蘑菇（裸盖菇之类）是闪电和大地母亲交媾的产物。在古印度，公元400年左右的伟大诗人迦梨陀娑在其抒情长诗《云使》中写道："带来肥沃的阵阵雷鸣，是何其甜美的声音，它能够用菌子覆盖大地。"从十六世纪到十八世纪，英国很多作家都将"仙女环"（蘑菇圈）的出现归功于闪电：俏皮的闪电就这样从乌云中冒出来，让坚固的橡树裂开，或印出仙女环。现代欧洲，每当打雷的时候，法国农村某些地方的人们会说"Voila un bon temps pour les truftes"——对松露来说是个好天气。在新西兰原住民毛利人那里，菌子/蘑菇=雷。在他们的语言中，表示蘑菇的单词"whatitiri"也代表雷。

"在很多民族看来：菌子是由众神召唤而来的，是由那些带着噼里啪啦和震耳欲聋的雷鸣声投向地球的天火召唤出来的。"瓦莲京娜·帕夫洛夫娜·沃森总结道。

03　小孩、妇女和老人

　　拾菌人的身份及称呼，在我读到的大部分中国古代诗文里，包括夷人（云南志语）、牧童（元胡助、明徐霞客语）、樵童（明杨循吉语）、老翁（清吴林语）、倮人（清赵翼语）、野人（清张国华语）、牧童樵叟（民国李学诗语）。倮人和夷人是当时文献中对彝族同胞的称谓；野人，指乡野之人（与城里人相对）。老翁好理解，牧童、樵童和樵叟勉强属于职业，其他三个称呼，代表一类身份模糊的群体。

　　当然，另一类拾菌者的身份，是具备一定话语权的写作者，所谓幽人韵士拾佳菌。比如，南宋的杨万里写下"拨开落叶百数十"，南宋同时期的方岳说"可怜书生愚，为口不计脚"，明初的史迁"倾筐盛之行且拾"，清末的张之洞"采满筠篮归去也"，清末的尹艺"晓起行郊原，俯拾入筐筥"，民国的李学诗"我时偶向山中来，盈筐采得香盈怀""偶寻松菌佐清斋"等。他们是特殊的一类拾菌人，既能上山下乡，又能言志咏怀。也多亏了他们，才留下一千多年来古人生活与菌子时光的宝贵片段。

　　不过，倮人、夷人和野人才是主要的劳动者。"野人入市卖鸡㙡"，虽然进入诗人的观察和记录，我们却几乎见不到他们留下的只言片语，也许是因为缺乏表达的机会和能力，也许是因为没有表达的意识或话语权。他们是沉默的大多数，也是菌子产业的底色。

　　我从小就发现，在拾菌子这件事情上，很少看到家里的壮劳力出现。妇女、老人和小孩，基本承包了拾菌这项工作。也许这就是人类早期社会分工逻辑的遗存：成年壮劳力长于狩猎和其他高风险、高强度的工作，而在野外采集食物的事业，就交给了妇女、老人和小孩。

去年夏天在老家，大爹（北方称大伯）家的小孙女，每天都和我们上山拾菌。我很惊讶，上小学的她已经熟知大部分菌子，也知道哪里出哪种菌子。她和我们一起上山，走得又快又稳。穿红色外套的她，一会儿消失在山林间，一会儿又出现在山林转角处。我们几乎没人能赶上她的脚步。我问她，怎么认识这么多菌子的？是妈妈教我的，她的回答不假思索。暑假的时候，她的妈妈经常带她上山采菌。这情形，跟我小时候一样。我的小侄女拾菌的时候快乐无比，像山间的小鹿，蹦蹦跳跳，活灵活现。

山野能带给人们无穷的知识和趣味，这种生命教育开始的最好时段，是少年、儿童时期，就像我小时候爷爷带我上山识菌子、采菌子那样。乡下小孩子拾菌，是一个很普遍的现象。二十世纪八十年代初，有不少流传甚广的艺术创作就以儿童拾菌为主题，其中最著名的是《采蘑菇的小姑娘》。词作者陈晓光在河北的一座小县城讲课，某天清晨雨后，他在大山边的小径散步，遇到几个拾菌子的小女孩，于是和她们交流起来。这段偶遇成为他创作的灵感来源，《采蘑菇的小姑娘》一经传唱便成经典。

还有一部彩色儿童电影《应声阿哥》：北京孩子京京到西双版纳探望在当地工作的妈妈，与那里的景颇族小伙伴逐渐相熟，于是景颇族小伙伴带他上山，教他认识菌子、采菌子。采完菌子之后，小伙伴们又一起到集市上卖菌子，卖得一块七。四个人花两角钱吃了一碗小锅饵丝，剩下一块五买了红糖。在知识的传递间，菌子见证了孩子们纯真的友谊。这部电影，是我到北京好多年后才知道的。艺术家的观察和创作，带给了多少孩童无限的想象。看过这部电影的其中一人，后来成了我的家人——采蘑菇的故事，就像生活的草蛇灰线，伏脉千里。

相比之下，七百多年前元代诗人胡助在塞北写就的《宿牛群头》一诗，则是另一幅景象："荞麦花开草木枯，沙头雨过茁蘑菇。牧童拾得满筐子，卖与行人供晚厨。"

元朝设立了上都（今内蒙古锡林郭勒盟闪电河畔）和大都（今北京）两个重要的行政中心。皇帝每年夏季在上都理政，秋凉时返回大都。自元世祖忽必烈以来，皇帝每年在上都、大都间的驿路上巡幸往返，带着众多随扈官员和上万人的护卫队伍。而牛群头，是元朝两都巡幸时望云驿路和黑谷驿路的交会点，位置在今张家口市沽源县城南十六公里的石头城遗址。元朝人周伯琦在《扈从诗前序》中记载："失八儿秃，其地多泥淖，以国语又名牛群头；其地有驿，有邮亭，有巡检司，居者三千余家，驿路至此相合。"可见七百多年前的牛群头驿，已经是一个相当热闹的城镇。

《拾菌孩童》（*Lo camparoulaïre*），法国画家保罗·普罗（Paul Prouho，1849—1931年）绘

诗人胡助夜宿牛群头，正好赶上八九月荞麦花开的时节。草原上刚刚下过一场雨，沙地里一朵朵可爱的蘑菇悄然而出。诗人说"雨过茁蘑菇"，南宋陈仁玉《菌谱》开篇第一句就是"芝、菌，皆气茁也"。茁，草初生之貌。先茁而后壮，茁壮的口蘑，遇到了草原上放牛的牧童。这个牧童大概率是个男孩，可能是汉人，也可能是蒙古人，而且肯定不是第一次采蘑菇。也许是早晨，也许是午后，刚下过一场雨，草原上秋高气爽，他骑在拴着竹筐的牛背上，看到蘑菇就下来。也许他看见了汪曾祺见过的"蘑菇圈"——口蘑"很怪，只长在'蘑菇圈'上。草原上往往有一个相当大的圆圈，正圆，圈上的草长得特别绿，绿得发黑，这就是蘑菇圈。九月间，雨晴之

草原上的蘑菇圈，英文中称为"Fairy ring"（仙女环）。在威尔士传说中，蘑菇圈代表地下的仙界村落，预示着附近土地肥沃，牲畜能在此兴盛繁衍

后，天气潮闷，这是出蘑菇的时候"。

汪曾祺在沽源吃过口蘑羊肉臊子，而沽源县正是元代牛群头驿所在地。1958—1961年，汪曾祺在张家口沽源下放劳动，他还采过口蘑——"夜雨初晴，草原发亮，空气闷闷的，这是出蘑菇的时候。我们去采蘑菇。一两个小时，可以采一网兜。回来，用线穿好，晾在房檐下"。他总结了口蘑的类型：黑蘑、白蘑、鸡腿子、青腿子，知道口蘑得用重荤大油方才好吃，还用钢笔画过一套口蘑图谱，在他涉及张家口的画作中经常出现口蘑的身影。"生有其时长有地，按图以索探囊易"，比汪曾祺早几百年的牛群头驿的小牧童，定然熟知这些关于草原蘑菇的知识，不一会儿就捡了满满一筐蘑菇，和汪曾祺《菌小谱》中描述的口蘑毫无二致。

牛群头驿的居民达到了三千多户，其地所处的张家口又是塞外与关内物资交换及贸易的重镇，再加上往来的商户和官员，定然识

蒙古白丽磨/沙菌，图力古尔摄

货者众，爱美食者众。牧童的蘑菇又鲜又大，很抢手，一会儿就被
行人买光了——他们带回去做晚饭，估计要么炖鸭，要么铜锅涮肉
就火锅，要么炒一盘口蘑羊肉臊子。牧童带着钱高高兴兴回家去，
交给父母，也许父母会给他一些零用钱。等荞麦花开过，一个蘑菇
季下来，他能给家里攒不少钱呢。

　　除了活泼的牧童，樵叟和老翁也是重要的拾菌人。也许他们是
一家人吧，樵叟和老翁是牧童的爷爷；或者他们就是同一个人，牧
童老了以后，就变成了他小时候眼中爷爷的样子，也是樵叟和老
翁了。

　　"老翁雨过手提筐，侵晓山南斸（zhú，吴俗拾菌曰斸蕈）蕈忙。
敢为家人充口腹，卖钱端为了官粮。"康熙癸亥岁（1683年），一春
风雨，菜麦尽烂，导致种子无粒，是年菌子极多，若松花飘坠，着
地之处菌子成堆。在吴林所著《吴蕈谱》末尾的这首《斸蕈诗》里，

江南的霏霏淫雨泡烂了蔬菜和小麦，绝望之余，幸好山间有菌子，而且产量极大，不但可以填饱家人的肚子，还能变换银钱，把当年的官粮给交了。也是一个大雨过后的清晨，天刚刚破晓，老翁手提竹筐，我想还有一根竹杖，上南山拾菌子——也许小孙子就跟在后面。

千百年来，美丽的菌子点缀了人们的生活；这些采菌子的人，也点缀了人类文明，点缀了诗人的灵感及想象。中国著名的现代派诗人、翻译家冯至，在西南联大任教两年多后，1940年9月，为了躲避日寇飞机的狂轰滥炸，他把家搬到了昆明市郊的林场茅屋。在那里，他邂逅了采菌子的人。

"雨季是山上最热闹的时代，天天早晨我们都醒在一片山歌里。那是些从五六里外趁早上山来采菌子的人。"美丽的山歌叫醒了冯至，也唤醒了他的生命意志。二十世纪四十年代昆明市郊的林场茅屋之于冯至，就像千年前的黄州东坡（今湖北黄冈市黄州区）之于苏轼——苏轼被贬后在黄州城东荒地结庐而居，开荒种田，从此自号东坡居士，写就了《赤壁赋》《定风波》《记承天寺夜游》《念奴娇·赤壁怀古》等千古名篇。"我最难以忘却的是……那一年多的日日夜夜，那里的日日夜夜，那里的一口清泉，那里的松林，那里的林中的小路，那里的风风雨雨，都在我的生命里留下深刻的印记。"冯至四十六年后回忆道。在那里，在拾菌人——也许就是五朵金花的山歌声中，他完成了好几部重要作品的创作，包括诗集《十四行诗》、小说《伍子胥》以及散文集《山水》等篇章。

其中一篇，就是《一个消逝了的山村》："我们望着对面的山上，人人踏着潮湿，在草丛里，树根处，低头寻找新鲜的菌子。"山歌欢快，也许一天雨后的清晨，他也忍不住，上山和孩子、老翁及妇女一道拾菌子呢。"这些彩菌，不知点缀过多少民族童话，它们一定也滋养过那山村里的人们的身体和儿童的幻想吧。"可以肯定的是，那些彩色的菌子和欢快的拾菌人，一定也点缀过诗人的梦境。

04 捡了一辈子菌

　　我的外婆已经七十多岁了，每次和她上山拾菌，她的脚程都很快，一点也不比我慢。对她来说，上山捡菌子就像到家门口的菜地里拔菜吃一样，是她夏天的日常。出门五百米，跨过田间小河的石板桥，走到对面的山上就可以拾菌子，或者也可以直接走几百米，就到了村子背后的大山。

　　外婆家坐落在两山之间，是典型的云南狭长坝子，一块小盆地中间穿过一条小河，流到两公里外的大水库。这样的地理环境，使得夏天的降水比较频繁，空气很湿润，所以外婆家的菌子格外丰富。常见的有鸡㙡、云彩菌（干巴菌）、白牛肝菌、黄牛肝菌（黄癞头）、酸牛肝菌（暗褐网柄牛肝菌）、黑见手（黑牛肝菌）、红见手（红牛肝菌）、白见手（玫黄黄肉牛肝菌）等，这几种都相对值钱、受欢迎。

　　此外还有很多杂菌，包括谷熟菌、铜绿菌、红菇、青头菌、蓝黄红菇、荞粑粑菌（美丽褶孔牛肝菌）、松林乳牛肝菌、松塔牛肝菌、火炭菌（稀褶黑菇）、珊瑚菌、喇叭菌、红/白奶浆菌、老人头菌、麻母鸡（中华鹅膏菌）、鸡油菌、露水鸡㙡（卵孢小奥德蘑）、九月菇（墨染离褶伞）、彩色豆马勃等。其中口感较好的是谷熟菌、铜绿菌、红菇、青头菌、蓝黄红菇几种，味道香甜，经常炒食。除此之外的其他类型，要么晒干菌子，要么拿去村口卖掉——每逢菌子季节，村口都会出现收菌子的商贩。

　　去年外婆给家里买了一台冰柜，花了一千多块钱，这是她一个多月捡菌子的成果。卖价最高的是白葱和红葱，也就是白见手青和红见手青，一公斤能卖八十多块钱，此外黑见手（黑牛肝菌）也能

珊瑚状猴头菇，王庚申摄（云南哀牢山）

卖到一公斤六七十块钱。大概只要是见手青类，价格就相对贵一些。其次是白牛肝菌和黄牛肝菌，能卖到二十块钱一公斤。鸡枞和干巴菌也能卖到八九十甚至上百块，但是因为采到的机会不多，通常只够自己吃的。其他杂菌的价格就更低了，几块或十几块一公斤的都有。每天拾菌子三四个小时，运气好的话可以卖上五六十到一百多块钱。这个价格其实可以看作菌子产业对乡村老年人时薪的定价，大约每小时十到二十块钱，换算成日薪是每天八十到一百五十块左右。

如果不嫌麻烦，还可以把菌子背到六七公里外的县城农贸市场上去摆摊，能多卖出近一倍的价钱。有时候，几户人家会把自己当天采的菌子，委托给一个经常开车跑县城的人代为销售。菌子出山的价格，与最终走上人们餐桌的价格相比，确实非常便宜。这也可以理解，因为中间经过了至少三层分拣和交易，还有三成的损耗。

可以想见，要卖够支付一台冰柜的钱，外婆要拾多少菌子。每天早晨，天刚蒙蒙亮，外婆背上竹篮、拿着外公做的小耙子就出门了。那个时候，鸡犬之声相闻，从门前望过去，田野和山间还雾气缭绕；各种鸟的叫声此起彼伏，湿气很大。如果看天气不好，还得带上雨衣。有时候如果菌子很多，篮子很快就装满了，外婆会先回家，腾空了篮子再去一趟。"你可真爱捡菌子哟"，外公老这样说她。日子是每天过出来的，她不着急。

每天上午十点左右，外婆就会背着菌子回家来。有时候多，有时候少，但总不会空手而归。她把菌子倒在厨房门口的空地上，然后就去喂鸡、喂猪。等伺候完它们，她就搬个小凳子，拿把小刀开始收拾，削去泥土，拣去树叶、枯草，再把菌子按照价值高低进行分类：牛肝菌放一堆，其他杂菌放一堆；当天要吃的菌子留好之后，剩下的准备拿去卖的好菌子，单独装好放冰箱冷藏；杂菌子如果不卖，也可以切成片，放在簸箕里晒干，留给在外打工的或远方的亲人，过年过节回家的时候让他们带走。有时候，收拾菌子的工作由外公来完成，他会将外婆的菌子仔细再检查一遍，把其中他认为不能吃或食毒不明的菌子拣出来扔掉。外公越发上年纪之后，眼睛逐渐不好使，外婆就不让他弄了。

最近几年夏天，我经常回云南，和外婆一起上山拾菌。今年在老家和她一起上山的时候，她把自己熟悉的菌窝子都指给我，让我记住。这一幕让我想起阿来《蘑菇圈》里的情节。也许对她来说，菌窝子和蘑菇圈一样，都是宝藏之地。

关于菌窝子和蘑菇圈的一切，都是轻易不示人、不外传的知识。这些在外婆看来是宝贝的菌子，从她年轻时候起，就生长在家门口沿着小河蜿蜒而去的两旁山上，小河的上游，也是一个个村落和类似的人家。小河一直流到县城最大的水库。水库前身为清乾隆元年（1736年）修建的蓄水闸，1956年开始兴修，起了那个时代全国都很时髦的名字：庆丰水库。水库在1969年又进行了扩建。我母亲说，她们小时候就参与了水库扩建的盛举。

在庆丰水库的大坝外面，是一片广阔而平坦的稻田。稻田旁边散落着几个村庄，是明代以前古县城的旧址。其中有个村里有一座寺庙，叫光法寺。光法寺曾叫诸葛寺，这个名字也代表了这个小地方所具备的历史韵味。

老家地处云南中部，虽然离昆明和大理都是二百公里左右，但在古代离中原实在很远，所以得了个听起来就很远的名字：定远县。定远县再往西，就是镇南县（今南华县，取威镇云南县之意，是著名的野生菌之乡）；镇南县再往西，就是云南县（今大理祥云，彩云之南典故所出之地）；云南县往西，就是现在人们熟知的大理古城——南诏国和大理国的所在地了。实际上，定远县还不是最远的地方，这个名字始于元朝，一看就是大一统的王朝才会起的名字。

本地人不会说自己的家乡远。

据滇南成史杨慎的考证，诸葛寺源于诸葛亮的南中征讨，他所走的路线正是秦始皇时期开凿的"五尺道"。明嘉靖二十六年（1547年），杨慎受云南按察司提学副使胡仰斋之邀，撰写了《定远县儒学碑记》（石碑尚存于县文庙）。碑记说："三国时诸葛忠武侯征南中，营于此，今之望子洞遗址尚存。"

望子洞不是一个洞，而是两山之间的垭口。形成垭口的山位于庆丰水库的上游，包括外婆家居于其间的绵延山岭，正是菌子常出之地。据明代《云南志》记载，杨慎所处的时代，滇中百姓就已经采菌子、吃菌子和卖菌子了——"姚安山谷中每夏秋雷雨后则生；夷人采之鬻于市……云南各州县俱产"。定远县与姚安县相隔六十余公里，也必然如此。

四百多年后，曾经很遥远的定远县，包括杨慎所记述的诸葛武侯遗迹周边的村落，早已融入时代的洪流。二十世纪六十年代末，到处食物短缺，尤其青黄不接的夏季，山上的菌子就成了救荒的粮食。外公告诉我，那时候饿得不行，连平时不吃的菌子都变成了宝贝。有一种石灰菌（短柄红菇），长得满山都是，但口感较差，完全不入流。那时候人们把它采回来，用水焯熟后再漂洗几次，然后炒着吃。

短柄红菇

菌子无论炒或煮，都需要大量的油脂才能激发其香味，在油水少的年代，更显费油。十七世纪俄国沙皇的医生萨缪尔·科林斯有一句经典名言："菌子是穷人的粮食、富人的珍馐。"前者是为了稍缓辘辘饥肠，后者可解大鱼大肉之腻。因为有过挨饿的经历，外公、外婆那一辈人，喜欢捡菌子胜过吃菌子。所以每年夏天，外婆还是乐此不疲地上山捡菌子。就像在这片神奇多彩的土地上生活了几百上千年的人们那样，她拾了一辈子菌。

05 云彩菌的故事

　　"人间至味干巴菌"，这是汪曾祺在《七载云烟·采薇》中对云彩菌的论述。味道最为隽永深长、不可名状的是干巴菌。这东西中吃不中看，颜色紫赭，不成模样，简直像一堆牛屎，里面又夹杂了一些松毛、杂草。

　　像被踩破的马蜂窝，或牛屎一样夹杂了松毛和杂草的干巴菌，就是我小时候采的云彩菌。从汪曾祺的描述来看，他一定没见过长在草地上的云彩菌。云彩菌只有在被手碰过或氧化后才会变深，所以他说像一堆牛屎，黑黑的。牛干巴是云南回族常见的食品，用精瘦黄牛肉风干而成。云南人用干巴＋菌的组合，描述云彩菌嚼起来香而韧的口感。

　　"洗净后，与肥瘦相间的猪肉、青辣椒同炒，入口细嚼，半天说不出话来。干巴菌是菌子，但有陈年宣威火腿香味、宁波油浸糟白鱼鲞香味、苏州风鸡香味、南京鸭胗肝香味，且杂有松毛清香气味。"在《菌小谱》中，汪曾祺接连用吃过的四道名菜来形容干巴菌，加上松毛香，一共是五种味觉体验。

　　干巴菌一直是云南民间的俗称，其学术名称，由中国西南真菌学的开拓者臧穆确认。1987年，他在《云南植物研究》第九期中发表了论文《东喜马拉雅引人注目的高等真菌和新种》，第一次正式描述了干巴菌，并尊重云南民间对干巴菌的称呼，拉丁名的种加词沿用汉语拼音。从那一刻开始，干巴菌在这个地球上的正式名称就确定了下来：*Thelephora ganbajun* M.Zang。

　　相比干巴菌，我更喜欢云彩菌这个名字。云彩菌，就像菌子王

干巴菌（云彩菌）

国的世外高人，轻易不现身。一旦现身，则如白云一片天上来，轻
盈地点缀在松树林间的草地上。用云彩给一朵菌子起名，我相信这
一定非云南人所莫为。云彩菌和云南的云一样，出身不凡。

云南的云，"似乎是用西藏高山的冰雪和南海长年的热浪两种
原料经过一种神奇的手续完成的，色调出奇地单纯，唯其单纯反而
见出伟大"——这是沈从文《云南看云》中的一段话。云彩菌，的
确是高山冰雪和南海热浪作用的产物。纬度低而无严寒，海拔高而
无酷暑，出产云彩菌的滇中地区——包括昆明及楚雄，就是这样的
气候。

云彩菌，因像一朵云而得名。据说云南，也是因为云而得名。

云南之名，源出云南县。云南作为一个县名，首次出现在东汉
班固所著的《汉书·地理志》中。汉武帝经略西南，公元前109年，
在今大理祥云县境内设云南县（也是后来徐霞客向牧童买鸡枞烧汤
吃的地方），可惜班固写史惜墨如金，没有留下一鳞半爪关于"云
南"名称由来的信息。到了明代，在野史及各种传说中，云南因为
云而被发现的故事开始丰满起来。杨慎所著的《南诏野史》记载：

"汉武帝元狩元年（前122年），彩云见（现）南中，在今大理府赵州之白崖（今大理凤仪镇）。云南之名始此。"到了晚明谢肇淛编撰的《滇略》中，彩云之南的故事有了更多细节："汉元狩间，彩云见于南中，遣使迹之，云南之名始此。"

　　彩云南现，所以得名云南，也许这就是历史的真实，只不过自古以来就在云南这片土地上生活的人们不甚关心，一千六百年后，等到杨慎来到云南的时候，真实就变成了传说和野史。也难怪，来自云南之外的人更有发现的眼光，也更关心这些云的故事，还把它们写进了书里。

　　云南的云带给人们太多的惊喜。沈从文看遍了世间的云，独厚云南，他说"云南的云给人印象大不相同，它的特点是素朴，影响到人性情，也应当是挚厚而单纯"。知名作家宗璞在《三千里地九霄云》里写道："美丽的云！在我的记忆之井中注满了活水。"

　　和云南的云一样，云彩菌也给青年时代的穷学生汪曾祺带来了太多的惊喜。从某种意义上来说，云彩菌是被汪曾祺发现的——虽然千百年来，云南的人们就在吃好吃的云彩菌。

　　在我的记忆中，总有一朵云彩菌在青草间若隐若现。松风阵阵，松香清幽。云彩菌喜欢长在松树下，但轻易不现身，只有好运气才能碰到。凡物从松出，无不可爱。我还隐约记得第一次找到云彩菌时的情景。小时候第一个带我上山拾菌的是爷爷。有一天雨后的清晨，在一片松树下的草地上，我碰到了几朵从没吃过的菌子，它们没有小伞一样的菌帽，也没有菌把手。绿草如茵，这些菌子像云朵一样飘在绿茵上。"这个是云彩菌，可以炒火腿吃，香得很。"爷爷告诉我。

　　从此以后，每年夏天，我都能在同一片林子里采到几朵云彩菌。我总觉得这要归功于我的爷爷。在我的印象中，爷爷不是个好脾气的人，但很能干，写得一手毛笔字。他在家里排行老大，底下有三个弟弟、一个妹妹，据说父母去世得早，弟弟妹妹都是他带大的。我记得他喜欢找菌子吃，也喜欢吃鱼，还爱喝酒。在我刚上大学的那年9月，爷爷突发心肌梗死去世，直到过年回家我才知道。

到了北京以后，我就再也没有吃到过菌子，更别提云彩菌了。上大学那会儿，我不知道这个世界上除了我，还有谁吃过云彩菌/干巴菌——相比牛肝菌，它太小众了。直到有一天，我读到了汪曾祺的散文。他写的云彩菌，仿佛穿越了时空来和我相见。

2016年夏天，当我十几年后再次踏进那片记忆中的松树林，却再也找不到云彩菌的身影。那片林子几年前被火烧过，松树的树干留下了烧黑的痕迹。云彩菌的地下菌丝已经被大火破坏。

然而，云彩菌并没有绝迹。在爷爷长眠的山林附近，有一片年轻的松树林，树根上满是青翠的苔藓。在小小的苔藓之间，云彩菌若隐若现。苔藓对生态环境的要求极高，只有在极干净的地方才能生长。云彩菌也一样，它就像菌中的隐逸者，轻易不会被发现。我把极为珍贵的云彩菌小心翼翼地采下来，它们身上带着些许红土，虽然还没长得太开，但我仿佛已经闻到了汪曾祺吃过的那种陈年宣威火腿的香气。

因为总是与松毛、杂草为伴，云彩菌收拾起来非常麻烦，这给品尝它美味的人带来了不少阻碍。后来，有些拾菌人碰到刚从地里冒头的云彩菌，会帮它清理周边的杂物，然后在上面用松枝或竹片搭一顶小帐篷。这样云彩菌长大后，杂物就会比较少，便于清洗。

长相俊丽的云彩菌，像一朵盛开的云，又仿佛画师笔下的祥云图案，凑近了一闻，带着隽永的香气。在沈从文笔下，云南的云单纯而伟大，云南的人挚厚而单纯。无论是单纯而伟大，还是挚厚而单纯，用来形容云彩菌都再恰当不过。单纯的，是其形状；挚厚的，是其隽味。

偶遇一朵灵芝

灵芝生王地，朱草被洛滨。荣华相晃耀，光采晔若神。——曹植《灵芝篇》

在我的记忆里，总有几朵灵芝熠熠生辉。雨季，在拾菌子的路上，转过某个熟悉的山梁，在几棵巨大的栎树下，会突然闪现几朵亮晶晶的红伞，伞上镶着黄边，用手一摸，菌子的质地很硬，闻起来有股特殊的香气。那就是灵芝无疑了。

在老家，灵芝其实很少被食用，甚至没有人会去采摘。因为木质化的菌子，人们不知道该怎么吃，也认为它必定不好吃。我小时候就认识灵芝。在山上遇到了，有时候会采一朵回家把玩，也隐约知道它可以入药，有神奇的功效，但对它到底为什么神奇不甚明了。对我来说，它是一种很神奇的存在，其他菌子通过口感及美味与人们建立联系，而灵芝与人们建立联系的途径是神话传说。

在《白蛇传》中，白娘子为救许仙，上峨眉山冒死盗取的仙草就是灵芝。后来我才知道，灵芝在中国文化里是多么古老且神奇的存在。全世界与宗教有关的菌子，在欧美主要是因致幻而通灵的裸盖菇或毒蝇鹅膏菌，在中国却是可以令人飞升的灵芝。灵芝在全球分布广泛，全世界已经发现的灵芝有三百余种，在中国被记录的有一百多种。

在中国古代的所有菌子中，灵芝是最为重要的存在。关于灵芝最早的记录，是发现于宁夏贺兰山的灵芝岩画，距今八千五百年。先秦时代的中国典籍中就有灵芝的身影，《山海经·中次七经》记载

《宋缂丝青牛老子图》，台北故宫博物院藏

山西永乐宫壁画《朝元图》，玉女持捧灵芝

炎帝小女儿瑶姬死后"化为瑶草，其叶胥成"。北魏郦道元《水经注·卷三十四》则进一步明确瑶姬"精魂为草，实为灵芝"，灵芝成为炎帝小女儿的化身。

历史上很多著名的人物，包括屈原、曹植、李白、柳宗元、王安石、苏轼、黄庭坚、陆游、徐渭等，都曾为灵芝作诗作赋，歌之咏之。中国古代的建筑和传统家具上经常出现灵芝，代表吉祥之意的"如意"造型也是由灵芝演化而来的。灵芝的身影，也出现在很多绘画作品，尤其是与道教相关的作品中。山西著名的元代永乐宫壁画《朝元图》，描绘了诸神仙朝见元始天尊的壮观场面，壁画上玉女所持的盆景正是九茎灵芝。

最早介绍灵芝的典籍，是成书于战国的《尔雅》，其中有"芝"的专门介绍——茵芝。注曰："芝，一岁三华，瑞草。""灵芝"一词，首见于东汉张衡的《西京赋》，"浸石菌于重涯，濯灵芝以朱柯"；在中药学著作中，灵芝首见于明初兰茂的《滇南本草》。

灵芝一年可以出三茬，按照颜色分为青、赤、黄、黑、紫、白，合称六芝。中国的古人很早就注意到了灵芝延年益寿的功效，这是灵芝很早就载入各类古籍的主要原因。灵芝在中国从南到北、自东到西的分布很广泛，因此有很多人认识它。虽然多是一年生，但灵芝不易破碎，晒干后容易保存和运输，而且长时间都不腐坏，有作为贡品的客观条件，这也是它能较早进入典籍的重要原因。

到了汉代，灵芝已经被赋予了丰富的内

涵。首先，它与修仙挂上了钩。托名神农氏所作的《神农本草经》记载："五芝可单服之，令人飞行长生。"《神农本草经》又叫《神农经》，系统总结了成书以前零散的药学知识，其中包含许多具有科学价值的内容，被历代医家珍视。《神农经》说服食灵芝可以成仙，满足了中国古人，尤其是帝王长生不老的幻想。有了灵芝，后代帝王终于不用再像秦始皇那样，派徐福到海外仙山寻求不死之药了。

幼年灵芝，柳开林摄（云南楚雄）

灵芝令人长生，这是古人对其功效的认知。到了晋代葛洪那里，这种认知被不断强化。葛洪是中国道教发展史上举足轻重的人物，他在其重要著作《抱朴子》中将灵芝称为仙药。自此以后，灵芝久服轻身、延年益寿的功效，伴随着道教的发展愈演愈奇。葛洪又说，"菌芝生深山之中，大木之上，泉水之侧"，这样的环境正适合修仙，而生长其间的灵芝，也成为道家修炼长生术的法宝。从汉代开始，诗歌里出现仙人时，灵芝总相伴左

成年灵芝

右。唐代诗仙李白有两句诗，就是其中的代表："身骑白鹿行飘飘，手翳紫芝笑披拂。"到了南宋淳熙元年（1174年），罗愿所著的《尔雅翼》将灵芝列为"上药"——"古称上药养命……养命则五石之链形，六芝之延年"。

另外，灵芝代了"和"及"德"。东汉思想家王充（公元27—约公元97年）注意到了灵芝的生长环境，认为只有"土气和"才能长出灵芝——"土气和，故芝草生瑞"（《论衡》）。灵芝因此被延伸至国家治理的范畴，代表着圣王德政，"王者仁慈，则芝草生"。古代家国一体，所以王充又说，"德至草木，则芝草生；善养老，则芝草茂"。灵芝所代表的"和"与"德"，被延伸至家庭伦理的范畴。

灵芝有如此多的象征意义，成为当之无愧的"瑞草"，无论养生修仙、家庭和睦还是君王治理国家，都能获得灵芝的加持。灵芝

105

"长生和气，王以为宝"，古代帝王喜欢灵芝，因此民间经常进献。王充《论衡》又曰："与善人居，如入芝兰之室，久而不闻其香，则与之化矣。"灵芝具有独特的幽香之气，因此与兰花并列，成为君子品德的象征。

灵芝既能服食，又能赏玩。明代嘉靖时期杭州著名戏曲家高濂，是个非常会生活的人。他在《遵生八笺·瓶花三说》中讲道："灵芝，仙品也，山中采归，以箩盛置饭甑（zèng，蒸食物的炊具）上蒸熟、晒干，藏之不坏。用锡作管套根，插水瓶中，伴以竹叶、吉祥草，则根不朽，上盆亦用此法。"高濂的介绍非常详细，采到灵芝的人，可以按照这个攻略，自己做个盆景或插花瓶景。在中国古代的士大夫家里，灵芝能成为插花的素材，正是因为其独特的文化内涵。

到了明代，李时珍在《本草纲目》中对灵芝进行了详细的考证。他收录了青、赤、黄、白、黑、紫六色灵芝，详细记录了它们的气味和功用。难能可贵的是，他本着实事求是的态度，驳斥了服用灵芝可以成仙的说法，认为"服食可仙，诚为迂谬"。

由于野生灵芝可遇而不可求，世人对灵芝的渴望又很强烈，所以从晋代葛洪开始，道家方士就开始琢磨怎么人工培育灵芝。《本草纲目》中记载了灵芝的人工种植，"方士以木积湿处，用药傅之，即生五色芝"，说嘉靖年间有个叫王金的人，种出灵芝之后，投其所好献给了嘉靖皇帝。方士所用的药，其实就是营养质，这个方法在清代《花镜》中的记载更为具体，"道家种芝法，每以糯米饭捣烂，加雄黄、鹿头血、包暴干冬笋，伏冬至日，堆于土中自出，或灌入老树腐烂处，来丰富雨后，即可得各色灵芝矣"。

中国古代的灵芝文化也影响了日本及韩国。日本博物学家毛利元寿在其1836年所著的《梅园菌谱》中，将灵芝列为木蕈类第一，其注解中还有日本平安时代的朝臣献芝给皇室的记载。尤其"二战"后，日本对灵芝的消费迎来了一个高峰，成为进口灵芝最多的国家。今天，伴随着灵芝人工种植技术的成熟及加工产业的完善，全球灵芝产业的年产值超过了25亿美元。

在古人看来，遇见并采到灵芝是很幸运的事情。《古今图书集

《梅园菌谱》中的灵芝及介绍

成·草木典·芝部纪事》用了很长的篇幅，事无巨细、不厌其烦地收录了历代各地方志中关于发现灵芝的记录及其传奇故事。北宋大文豪苏东坡就和灵芝结下了不解之缘。

宋神宗元丰二年（1079年）农历四月至七月，苏东坡在湖州任知州时，曾和当地的朋友贾耘老一起，登上太湖畔的法华岭（今湖州白雀山）。从《又次前韵赠贾耘老》一诗中可以看出，那时他已经厌倦了没完没了的政治内卷，"我来徙倚长松下，欲掘茯苓亲洗晒。闻道山中富奇药，往往灵芝杂葵薤"。在法华岭的茂盛松林下，他采到了珍贵的茯苓、灵芝和两种美味的野菜——冬苋菜及薤白。山野的自由和灵性让他感到无比轻松、惬意。当年7月底，他就陷入新旧变法两派的政治斗争，因"乌台诗案"被捕入狱，第二年就被贬到了湖北黄州。

有意思的是，苏东坡被贬黄州期间，做了一个神奇的梦，他梦见自己在一户人家古井边的苍石上采到了灵芝，为此还写了一首《石芝》，序言说："元丰三年五月十一日癸酉，夜梦游何人家。开堂西门，有小园古井。井上皆苍石，石上生紫藤如龙蛇，枝叶如赤箭。主人言，此石芝也。余率尔折食一枝，众皆惊笑，其味如鸡苏（龙脑薄荷）而甘。明日作此诗。"似梦非梦间，他来到了小园，看到"玉芝紫笋生无数"，采而食之，味道甘甜如鸡苏。"商山四皓，群仙服食"，采芝、服食灵芝，自古以来就代表着修仙和隐逸。经历了"乌台诗案"，被贬黄州的苏东坡，惊魂未定，灵芝也许是他人生之境大转折及新开始的某种心理暗示及隐喻。

如今，野生的灵芝已经褪去了修仙和神话的纱衣。当人们在山林间碰到它们的时候，已经不会像古人那样层层上报朝廷，并列入史籍记载。然而，灵芝早已成为中国文化中一种独特的符号，蕴含着特殊的审美意蕴，也成为中国人精神世界的某种象征。所以，当它在山林间出现在眼前的那一刻，依然是那样神奇和美丽。

07 红蕈与青头菌

腊面黄紫光欲湿，酥茎娇脆手轻拾。——杨万里《蕈子》

云南的夏天，每逢雨后，大红菌会在山林间顶起一片片枯叶和杂草，"红伞伞、白杆杆"的经典造型连成片或连成排，隔老远就能看到它的身影。有时候发现一朵，就会前一朵、后一朵，左一朵、右一朵，一不小心还踩碎了一朵。它不爱招虫子，也不容易沾泥土，一会儿就能装满拾菌人的篮子。

大红菌在云南人的菌子餐桌上地位不高，老家的很多人都不爱吃它。一是其菌褶易碎，没到家就碎成一团，收拾起来很费劲；二是因为它容易和另一种毒红菌弄混，毒红菌吃起来发苦而且会导致腹泻。对我来说，区分大红菌有毒与否不是难事，毒红菌生尝味道苦辣，通常身形较小。

灰肉红菇，王庚申摄

然而大红菌是我的最爱，除了红白相间的漂亮外形，吃起来也相当不赖，香甜无比。实际上，云南人采食大红菌的历史很悠久。明初《滇南本草》就收录了大红菌，因其菌帽红如胭脂，也叫胭脂菌，兰茂认为其可以入药外用。

虽然在很多不了解的人看来，大红菌的造型如此妖艳，定是毒菌无疑，实际上，大红菌是名贵的野生食（药）用菌，在世界范围内分布广泛，我国主要分布于云南、福建、江西、广西等省区。大红菌还不止一种，其中最常见的品种是灰肉红菇（Russula griseocarnosa），过去一直被当成正红菇（Russula vinosa）或大红菇（Russula alutacea），直到2009年，真菌学家对中国西南、东南和华南地区产量较大的商品大红菌进行了鉴定，才发现这些红菇并不是正红菇，而是灰肉红菇。云南大红菌除了灰肉红菇，常见的还有玫瑰红菇（Russula rosea）。在野外，它俩通常会一起出现。

除了云南，福建也盛产大红菌，而且它在餐桌上有更高的地位。品质较好的大红菌干，能卖到三四千块一公斤。福建地区喜欢用红菌子来煲汤，汤色红亮且香甜。至今福建还有一道以红菌子为原料的名菜：顺昌灌蛋。将剁碎的大红菌和猪肉加调料后搅拌均匀，再小心翼翼地塞入散养的土鸭蛋蛋黄中；然后用大骨熬制的高汤烹煮，直至鸭蛋漂起来，就可以随汤捞起。

福建采集和食用大红菌的历史更为悠久，这一事实能被我们知晓，还要从中国历史上很有影响力的明教说起。没错，就是金庸《倚天屠龙记》中故事取材来源的明教。十二世纪，南宋诗人陆游曾在福建宁德、福州、建瓯等地为官，他发现当地有一种特殊习俗，"闽中有习左道者，谓之明教……烧必乳香，食必红蕈，故二物皆翔

玫瑰红菇

贵"（《老学庵笔记》）。陆游以批判口吻记载的红蕈即大红菌，而乳香则是来自今索马里一带的高级香料，在古代贵比黄金。

和大红菌扯上关系的明教源于摩尼教，三世纪由波斯人摩尼所创，六至七世纪传入中国新疆地区，七世纪末传入汉族地区，九世纪初，在洛阳、太原敕建摩尼寺。后被朝廷禁止，转为秘密宗教，又在东南一带传播并逐渐兴盛。为了适应和生存，摩尼教在发展过程中不断吸收佛教和道教的因素，改称明教，形成了所谓"吃菜事魔"的传统，即食素、侍奉摩（魔）尼。明教因私相结社而被朝廷打压，也被其他教派所排斥，所以讹为魔教，被视为旁门左道。但其教义提倡互助合作、淳朴节俭，深得下层百姓民心。

陆游所言"烧必乳香，食必红蕈"，正是明教习俗的表现。这种习俗的形成，既有文化因素，也有物质支撑。波斯人擅长香料贸易，宋元时期，福建一带的明教徒多有从事香料贸易的富商，珍贵的乳香对他们而言是生活和宗教仪式的必需品。波斯萨珊王朝时期，摩尼教就有食用野生菌的传统（松露和鹅膏菌），而福建盛产大红菌。营养又美味的大红菌成为食素的明教教众餐桌之必备，也不足为奇。明教尚红色，大红菌也是红色的，"食必红蕈"正是这种文化和精神的体现。

后来朱元璋建立的大明王朝也尚红色，我们似乎可以从中看到大红菌的影子。"食蕈菌，则蕈菌为之贵"，由于明教的推崇，大红菌因偶然的机会，被南宋朝廷官员陆游记入了自己的笔记和奏章。作为地方官的陆游曾两次上书朝廷，建议对明教严加防治。正是因为他，来自山野的小小红精灵才在历史上留下了宝贵的只言片语，成为时光长河里时代变迁和朝代更迭大背景中的一抹亮色。

当大红菌在雨后漫山而出之际，有一种颜值颇高的菌子也不甘落后。这就是青头菌，其主要品

变绿红菇（青头菌）

种的中文正式名为变绿红菇（*Russula virescens*）。虽然一红一绿，但青头菌在分类学上也是红菇属的成员。它的菌帽遇水湿滑，翠里带白，而且菌褶不易碎，更重要的是无毒且味道甘美。相比福建地区最爱的大红菌，青头菌在云南更受欢迎，价格也较为昂贵，未开伞的骨朵在菌子市场上的售价几乎赶得上著名的见手青。青头菌在云南的地位不只是今天，过去也很高。根据汪曾祺的文章，我们得知在二十世纪四十年代的昆明，青头菌甚至比牛肝菌还要贵。

兰茂在《滇南本草》中也对青头菌赞誉有加，他用了更多的文字详细介绍其药用："主治眼目不明，能泻肝经之火，散热舒气。"汪曾祺不但擅长吃青头菌——"青头菌菌盖正面微带苍绿色，菌折雪白，烩或炒，宜放盐，用酱油颜色就不好看了"，对青头菌更是情有独钟，"这种菌子炒熟了也还是浅绿色的，格调比牛肝菌高"。

大红菌和青头菌都喜欢长在麻栎等阔叶林中，尤其喜欢湿润的环境，所以大雨过后的山林里，它们似乎一夜之间就冒出来了。有时候拨开落叶就能看到十几朵，有时候它们会拱开疏松的土皮钻地而出。

蓝黄红菇属

与这两种类似的还有一种俗名叫母赭青的菌子，其绚丽的颜色介于紫赭之间，多数时候呈紫罗兰色，中文正式名为蓝黄红菇（*Russula cyanoxantha*）。和青头菌一样，其菌褶也不易碎，且形状及口感都类似，是一种很受欢迎的美味食用菌。蓝黄红菇在欧洲也很常见，俗称烧炭者（Charcoal Burner）。

这三种菌子虽然颜色形状各异，但在分类学上都是红菇属。

相比敦实的牛肝菌，红菇属的菌子都比较娇气，需要轻摘轻放，正如南宋大诗人杨万里所说："酥茎娇脆手轻拾。"在我的经验里，它们都很容易采到，数量太多放在篮子底部往往会被压碎，所以明智的做法是在篮子里放些树枝，或者多用几个篮子分开来装。

08 爱恨鹅膏菌

都说见手青最让云南人爱恨交织，实际上最令人爱恨交织的是鹅膏菌。云南各地的野生菌交易市场上很少见到它们的身影，一个原因是可食用的鹅膏菌易碎，不便于保存和运输，更重要的原因是鹅膏菌大部分有毒甚至有剧毒，很不容易辨别。

虽然在云南人的餐桌上地位不高，但不妨碍鹅膏菌占有一席之地。鹅膏属的野生菌是云南大型真菌家族的重要成员，目前被深度研究的多达一百三十余种，是牛肝菌之外最大的品类，其中可食用的品类包括黄蜡鹅膏（*Amannita kitamagotake*）、凸顶红黄鹅膏（*Amanita rubroflava*）、双色鹅膏（*Amannita hemibapha*）、假双色鹅膏（*Amanita subhemibapha*）、黄褐鹅膏（*Amanita ochracea*）、中华鹅膏（*Amanita sinensis*）、袁氏鹅膏（*Amanita yuaniana*）、隐花青鹅膏（*Amanita caojizong*）等。

而在全世界范围内，鹅膏菌属还包括很多著名的菌子，比如可食用的橙盖鹅膏菌（*Amanita caesarea*）——大名鼎鼎的恺撒菇（Caesar's mushroom），这种美味的鹅膏菌曾经是古罗马皇帝恺撒的最爱，因此得名。除了恺撒菇，赭盖鹅膏菌（*Amanita rubescens*）

黄褐鹅膏，王庚申摄（西藏林芝鲁朗县）

也是欧美常见的可食用鹅膏菌（俗名胭脂菌，需煮熟后食用），菌肉受伤或切开后会慢慢变成粉色，其拉丁名种加词"rubescens"正是变

113

红的意思。北美洲常见的杰克逊鹅膏（*Amanita jacksonii*）与橙盖鹅膏很相似，也是美味的食用菌，但是长得比较纤细，俗名美国苗条恺撒菇（American slender Caesar）。值得一提的是，古罗马人把鹅膏菌称为"Boletus"，这个词后来被瑞典生物学家卡尔·冯·林奈误用在牛肝菌身上，变成了牛肝菌的专属。不知是不是受罗马人的影响，四世纪的波斯人也喜欢吃鹅膏菌。

鹅膏菌的特征是幼嫩时整个子实体包裹在菌幕里，像一个椭圆的鹅蛋，所以得名。这个名字源于宋末陈仁玉所著的《菌谱》，他是中国第一个描述鹅膏菌的人。在他的描述中，鹅膏菌在高山里刚长出来的时候像个鹅蛋，慢慢地就会像伞一样张开；其味道爽滑甘甜，不亚于野生金针菇。

陈仁玉描述的应该是浙江台州的一种可食用鹅膏菌，大概率是拟橙盖鹅膏菌（*Amanita caesareoides*），它在中国多分布于温带地区。拟橙盖鹅膏菌与橙盖鹅膏菌很相近，但后者菌盖中央无凸起，菌盖边缘的沟纹较短。虽然吃起来很美味，但鹅膏菌属很多有剧毒，误食后能致命，所以在《菌谱》的结尾，陈仁玉刻意强调："然与杜（毒）蕈相乱……食之杀人……食肉不食马肝，未为不知味也……因著之，俾山居者享其美而远其害。"古人认为马肝有毒（也是谣言），吃肉不吃马肝，不意味着不知肉的味道。陈仁玉借马肝的比喻告诫大家，面对鹅膏菌，宁可错过也不要误食。

陈仁玉之后，对鹅膏菌详细描述的文献，是清代康熙年间苏州人吴林的《吴蕈谱》。吴林将鹅膏菌列为上品。他说："鹅子蕈俗云鹅卵蕈，状类鹅子，形大。不作伞张，外有护膜，褶在膜内；久则裂开，方见有褶。味殊甘滑，白者曰粉鹅子，黄者曰黄鹅子，黑者曰灰鹅子，俱为佳品。更有黄色小于鹅子者曰黄鸡卵蕈，亦一类也。"

江苏苏州与浙江台州相距三百五十多公里，属亚热带季风性湿润气候，温暖湿润，植被茂盛，这种自然环境十分有利于大型真菌的生长，所以《吴蕈谱》记载的菌子种类更为丰富，吴林对鹅膏菌的描述也比陈仁玉详细很多。白色的粉鹅子、黄色的黄鹅子、黑色

橙盖鹅膏菌（恺撒菇）

赭盖鹅膏

杰克逊鹅膏

拟橙盖鹅膏

的灰鹅子，这三种鹅膏菌皆可食用，可能分别是大白鹅膏（*Amanita alboumbelliformis*）、拟橙盖鹅膏（*Amanita caesareoides*）和中华鹅膏（*Amanita sinensis*），黄鸡卵蕈则可能是个头较小的拟橙盖鹅膏。

宁可错过也不要误食，这其实是我在山上遇到鹅膏菌时的态度，也是云南大部分拾菌人的生存智慧。云南的雨季，只要上山必定能碰到几种鹅膏菌，而且大部分都是有毒不能食用的。当你见到一朵肥胖、敦实的菌子，样子相当显眼，帽子上有黑色、灰色或白色的鳞片，菌柄上有环，脚上有菌托（穿靴子）而且基部膨大，那一定是毒鹅膏菌无疑，比如常见的锥鳞白鹅膏和亚球基鹅膏。

如果不能准确识别每一种鹅膏菌，那么可以记住毒鹅膏菌和可食用鹅膏菌的一些基本特征。根据杨祝良教授2015年《中国鹅膏科真菌图志》的总结，剧毒鹅膏菌的菌柄实心、基部球形或膨大；非剧毒鹅膏菌的菌柄空心、基部不膨大。根据这个特征，可以用排除法排除剧毒致命的鹅膏菌。

在云南楚雄的美味可食用鹅膏菌中，最常见的是凸顶红黄鹅膏和黄蜡鹅膏，前者菌盖中间有明显的凸起，后者通体金黄。这两种在当地被称为黄罗伞或鸡蛋菌，幼时状若鸡蛋，长大后像黄罗伞，故名。因为稻子成熟前后比较常见，因此又叫九月黄。鹅膏菌属大多有毒或剧毒，但黄罗伞是其中美味的菌子，口感香滑，适宜炒食。

除了以上两种，双色鹅膏和假双色鹅膏在云南有些地方也叫鸡蛋菌，因为它们的外形、颜色和口感都很类似。鸡蛋菌在山间可以长得很大（毕竟伞不是白叫的），颜色亮丽，远远看去非常好看，所以很容易被发现。它们的菌柄基部不膨大而且有菌托，就像穿了靴子一样，菌柄上有花纹，采挖的时候很容易折断，所以要尤其小心。鸡蛋菌有点类似欧洲名菌橙盖鹅膏菌（恺撒菇）。巧的是，恺撒菇在欧洲乡间也被叫作鸡蛋菌。在意大利语中，橙盖鹅膏菌的另一个名字"cocco"的意思也是鸡蛋。营养丰富的鸡蛋是美好的食物，同样美丽、美味的鹅膏菌在东西方的俗称都是鸡蛋菌。这应该不是巧合，而是不同的语言及文化在面对同一事物的时候，展现出了同样的处理思路。

黄蜡鹅膏，柳开林摄（浙江杭州）

锥鳞白鹅膏

凸顶红黄鹅膏，泡泡的梦想家园摄（云南楚雄禄丰县）

两种鸡蛋菌：黄褐鹅膏（上），王庚申摄；凯撒菇（下）

　　鸡蛋菌很美味，但全世界90%的毒菌中毒死亡案例，都是因为误食有毒的鹅膏菌造成的。其中剧毒的类型包括欧洲著名的毒菌三剑客——毒鹅膏（*Amanita phalloides*，俗称死帽蕈或致命鹅膏）、白鹅膏（*Amanita verna*，俗称白毒伞）和鳞柄白鹅膏（*Amanita virosa*，俗称毁灭天使），三者都有白色的菌褶并带有菌环和菌托，其所含毒素鹅膏环肽化学结构非常稳定，可以经受烹饪、冷冻和干燥的考验而不被破坏，一旦误食将造成严重的肝脏及肾脏损害，且基本无法救治。在中国，与欧洲毒菌三剑客类似的剧毒鹅膏菌，包括致命鹅

毒蝇鹅膏菌

膏（*Amanita exitialis*）、淡红鹅膏（*Amanita pallidorosea*）和假淡红鹅膏（*Amanita subpallidorosea*）等几种，它们曾经造成多起急性肝损害的死亡案例。

以上几种致命的毒鹅膏相貌平平，都不是颜色鲜艳的菌子。在全世界有毒的鹅膏菌中，有一种颜值很高且非常著名的，那就是致幻又能杀苍蝇的毒蝇鹅膏菌（毒蝇伞）。颜色犹如圣诞老人服饰的毒蝇伞，在欧洲、北美、北非和亚洲分布广泛，中国则主要分布在华北和西北地区。毒蝇伞因具有独特的致幻效用，经常出现在古代神话和传说中，美国银行家兼民族真菌学家高登·沃森甚至写了一本专著，论证古印度诗歌集《梨俱吠陀》中的宗教圣物"索玛"正是毒蝇伞的化身。虽然声名显赫，实际上毒蝇伞并非剧毒，其毒素在高温下会被破坏，在欧洲某些地区，甚至有加热后食用的习俗。作为一个在菌子王国长大的人，我认为实在没必要冒着风险去吃它。

如此说来，鹅膏菌真是令人棘手的家伙。如果不是非常熟悉当地菌子，尤其是鹅膏菌的拾菌老手，千万不能轻易采食鹅膏菌。所以，在山间野外碰到鹅膏菌的时候，要牢记的还是那个原则：食肉不食马肝，未为不知味也。

北方菌子香

素蔬则滇南之鸡㙡，五台之天花。——刘若愚，明代宫廷岁时录《酌中志》

蒙古草原人把大型真菌称为"moog"。据元代王祯《农书》的记载，约十三世纪起，中原地区（主要是黄河以北地区）就把菌子称为"蘑菇"了。这其实是游牧文明与农耕文明交会、融合的一个缩影。从隋唐时期开始到元末，这一地区就胡汉混杂，两种文化互相影响。赵宋王朝直到覆灭，也没能收复燕云十六州。而元朝一统中国以北京为大都后，游牧民族语言文化对汉文化的影响就更多了，北京将街巷称为胡同是一例，呼菌为蘑菇也是一例。

在古代的诗文中，北方经常出现的两种菌子，是天花蕈和蘑菇蕈。宋人陶谷所撰《清异录》收录了隋唐时期的典故，其中记载：韦巨源于景龙年间（707—709年）官拜尚书令，在自己家中宴请唐中宗李显，"烧尾宴"的菜品之一——"天花饆锣"（饆锣即饽饽），正是用天花蕈和香料做馅的面点。宋末陈仁玉《菌谱》的序言就提到了天花蕈，元代忽思慧《饮膳正要》有天花蕈包子的食谱，李时珍的《本草纲目》也说："天花蕈即天花菜，出五台山，形如松花而大于斗；香气如蕈，白色，食之甚美。"

明代宫廷御膳食谱中，天花蕈是与鸡㙡并列的存在——"素蔬则滇南之鸡㙡，五台之天花"。清康熙时期，天花蕈曾作为贡品，被康熙帝献给祖母孝庄皇太后，并有御制《天花》诗一首；根据王士祯《池北偶记》记载，康熙帝还曾将天花蕈赏赐给大臣。现代学者芦笛考证天花蕈即香杏丽蘑，在山西也叫台蘑。香杏丽蘑在欧洲也是一种著名的食用菌，其英文名 St.George's Mushroom（圣乔治之菇），是为了纪念英格兰守护神圣乔治。圣乔治的纪念日是每年4月23日，在此前后，香杏丽蘑开始出现。

与天花蕈如影随形出现在古代诗文中的蘑菇蕈，多数时候指鸡腿蘑菇，中文正式名为毛头鬼伞。而"蘑菇"这个称谓，如果出现在元代作品或者描写长城塞外风物的文献中，则主要指营盘蘑菇，比如《四库全书》"热河志"中所记载的"蘑菇"——也就是元代诗文中经常出现的"沙菌"。这种菌子其实就是蒙古白丽蘑，也叫蒙古口蘑，在草原上会长成蘑菇圈。著名画家、吃货张大千在甘肃敦煌壁画写生的时候，就采到过沙菌。古代著名的天花蕈和蘑菇蕈——无论是鸡腿蘑菇，还是香杏丽蘑，今天都已经实现了人工栽培。

大白桩菇

谈到北方的野生菌，就不得不提到"口蘑"。"口"其实指张家口。到了清朝，张家口已经成为塞内、塞外经济贸易的重要通道，从这里进入中原地区的草原蘑菇，被称为口蘑。正宗的口蘑主要包括：香杏丽蘑（*Calocybe gambosa*）、蒙古白丽蘑（*Leucocalocybe mongolica*）、大白桩菇（*Leucopaxillus giganteus*）和鳞盖白桩菇（*Aspropaxillus lepistoides*）四种，尤以前两种为珍。汪曾祺在张家口沽源县采过的口蘑，主要就是这四种。

点柄乳牛肝菌、血红铆钉菇（2022年9月，北京延庆）

在北京生活了十几年后，我才关注到北京郊区也有野生菌，尤其在门头沟、怀柔、延庆、密云等山区植被茂密的松树林和阔叶林下。北京地区可食用的野生菌，比较常见的包括榛蘑（北方蜜环菌）、松

晶粒小鬼伞（2022年9月，北京门头沟马栏林场）

棕灰口蘑（2022年9月，北京门头沟马栏林场）

晶盖粉褶菌（2022年5月，北京门头沟）

蘑/黏团子（点柄乳牛肝菌）、肉蘑（血红铆钉菇）、柳蘑（多脂鳞伞）、棕灰口蘑、肉色香蘑、粉紫香蘑、直柄铦囊蘑、松乳菇、荷叶离褶伞、羊肚菌、晶盖粉褶菌、假根蘑菇、大肥蘑菇、野生金针菇（冬菇）、毛头鬼伞（鸡腿菇）、晶粒小鬼伞、墨汁拟鬼伞、秃马勃等。其中，榛蘑是东北和华北地区名菜小鸡炖蘑菇的主角。

我发现的出菇最早的菌子，是晶盖粉褶菌。2022年5月初，我在门头沟潭柘寺附近的山坳里，意外发现了一簇非常漂亮的蘑菇，长在山杏和山楂树下，由此可以判断它与二者有共生的关系。这种可爱的蘑菇因为帽子中间凸起且颜色较亮、菌褶呈粉红色而得名，俗称杏树蘑。晶盖粉褶菌吃起来脆甜，晒干后香气浓郁，是北方味道上佳的野生蘑菇。

更多的发现，是6月中旬在北京门头沟的著名景点百花山。百花山被誉为"华北天然动植物园"，处于太行山北端和小五台山支脉，海拔1500米到2000米，山上植被丰富，降水量大，气温适宜，比较适合野生菌的生长。在茂密的白桦林里，有很多倒地腐朽的白桦木，阳光透过枝叶洒下来。在这些松软的木头上，我发现了宽鳞大孔菌、杯瑚菌和沟纹阳盖伞，它们都长在腐木上，由此可判断它们属于腐生菌。而另一种长相奇特、状如马蹄的木蹄层孔菌，则喜欢长在桦树上，能在百花山发现它，是一种幸运。

木蹄层孔菌在人类文明中有着久远的历史。它也叫火绒菌，因为其木质化的绵密菌体可以让火种在其间缓慢地燃烧，所以在欧洲古代被当作火绒使用，伴随早期的人类度过了外出打猎和部落迁徙的时光，火绒的制作和使用也一直延续到了现在。"用木蹄层孔菌制作火绒可以追溯到很久以前，在丹麦东部西兰岛的马格勒莫瑟（Maglemose）人类居住区，木蹄层孔菌与燧石和黄铁矿的残骸一起被发现，这一发现可以追溯到丹麦最古老的石器时代，约公元前六千年……用这种特殊真菌制作火绒，很可能是北欧现存最古老且有连续历史的行当（《蘑菇、俄国及历史》）。"木蹄层孔菌闻起来有股很香的味道，除了用作火绒，它还可以入药，可治疗食积、食管癌、胃癌、子宫癌等病症（参见《中国抗肿瘤大型野生药用真菌图鉴》）。

　　北京野生蘑菇最美好的时光在秋天，尤其从公历8月底一直到中秋节前后的这段时间。8月底的一个周末，正是秋高气爽的时节，我们来到北京延庆百里山水画廊附近的朋友家，那里三面环山、一面环水。周边是一片山岭，山岭不远处就是始建于唐代的永宁古城。

四种菌子（2022年6月，北京门头沟百花山）

从永宁古城开车几公里，就到了拾菌子的地方。

早晨八点多的太阳，将不远处的山顶照成了金色。朋友也是一个爱采蘑菇的人，她说只要是有松树的林子，就会有蘑菇。果然，不一会儿，我们就在松树下的松针和草丛间，发现了成片的点柄乳牛肝菌，不到两小时的时间，我们就采了满满两篮子。除了松蘑/黏团子（点柄乳牛肝菌），肉蘑（血红铆钉菇）、棕灰口蘑也很常见。当地的人们很熟悉附近山岭的野生蘑菇，很多人直接把三轮车开到山上，一上午能捡到好几麻袋的松蘑。

在永宁古城的街道上，可以看到很多人在售卖自己采的蘑菇，有松蘑/黏团子和肉蘑，价格很实惠。松蘑/黏团子（点柄乳牛肝菌）在云南也很常见，但是很少有人采食。一个原因是它会导致肠胃疲弱的人拉肚子（北方将菌盖上的黏膜撕掉，或者焯水后再食用，可避免拉肚子），第二个原因是云南各种各样的菌子太丰富了，人们顾不上采它。

多脂鳞伞（2022年9月，北京门头沟马栏林场）

肉色香蘑（2022年9月，北京门头沟马栏林场）

血红铆钉菇在东北地区俗称红蘑、松树钉、松树伞等，河北和北京地区称之为肉蘑。它喜欢生长在松树林里，菌柄很长、很壮实，菌伞可以长到小碗那么大，是北方比较常见且受欢迎的野生食用菌。肉蘑炒熟以后会变成红色，吃起来滑溜溜的。在门头沟马栏林场海拔1400米左右的成片巨大松树林下，厚厚的松针覆盖着，我曾经发现了一大片血红铆钉菇，有未开伞的，也有开伞之后满身褐色孢子粉的，有干了以后独自散发香气的。血红铆钉菇的特性是不爱生虫，老了以后也不腐烂，犹如一朵风干的花。

粉紫香蘑（2022年9月，北京密云）

野生金针菇（2022年10月，北京密云）

直柄铦囊蘑（2022年9月，北京密云古北口长城）

青黄红菇（2022年9月，北京密云古北口长城）

拟橙盖鹅膏菌，张弛摄（北京怀柔）

毛头鬼伞、大肥蘑菇、点柄乳牛肝菌（2022年10月，北京）

北京密云的古北口长城一带，是塞内外的分界线。在蟠龙山长城附近的松树林下，我发现了一种从没遇到过的菌子：直柄铦（xiān）囊蘑，它成片长在一道小山沟的草丛里。这种菌子闻起来香气四溢，炒熟以后就更香了。它的香味和我在云南吃过的所有菌子都不一样，果然是一方水土一方物产。铦囊蘑的菌子，在北方还有另外几种，都是可食用的。除了直柄铦囊蘑，我还在松针地上发现了漂亮的青黄红菇。这种菌子数量很多，相比云南的红菇、青头菌或蓝黄红菇等菌子，青黄红菇的个头不大，长熟以后软而易碎，有股淡淡的菌子香。在北京怀柔一带，我还发现了北方少见的既好吃又漂亮的拟橙盖鹅膏菌。

北方的菌子虽然也喜欢雨，但是更耐旱；南方的菌子虽然喜欢晒太阳，但是更喜欢湿润。除了松乳菇、点柄乳牛肝菌以及东北长白山的松茸，北方的菌子和云南相比差异很大，种类不是那么丰富，但拾菌子的人也没那么多。与云南相比，北方的降雨没那么频繁，如果不是在东北，树林也不是很高大茂密，在林间行走不像云南那么费劲。如果是在草原拾菌子，那就更不一样了。蒙古口蘑可以长在沙地上。而生长在西北、近些年才被发现的中国美味蘑菇，则生长于芦苇丛或红柳树根的沙土下，最重的甚至可达一公斤。所以在北方拾菌子，是另一种感觉。对于居住在北京这样的超级大都市的人而言，有机会走入山林，采到一筐美味的菌子，是再美好不过的生命体验。

有时候，不需要去郊区，北京环境较好的城市公园，就能收获不小的惊喜，野生双孢蘑菇就是其中之一。菌柄带双环的大肥蘑菇，也经常出现在城市草地或林间沙土上，我就在小区附近的公园里发现过好几次。毛头鬼伞（鸡腿菇）则是公园里湿润草坪上的常客。

10 拾菌如猎

采集和狩猎，是远古时代人类的日常活动。在欧美，专业的拾菌人被称为蘑菇猎人（Mushroom Hunters），比如松茸猎人、松露猎人。俄罗斯人把采蘑菇称为"安静的狩猎"。在意大利盛产白松露的阿尔巴地区，每个拾松露的人都有好帮手：一条或几条忠实的松露猎狗（用狗代替猪，是因为狗不会把刨出来的松露吃掉）。在中国古代，采集野生菌也被比喻为狩猎。宋末陈仁玉所著的《菌谱》在介绍合蕈（香蕈）时说："合蕈……山獠得善贾（价），率曝干以售"。合蕈数十年来一直是皇家贡品，采到合蕈就意味着好价钱，因此都是晒干了拿去卖，很少见到鲜货。《尔雅·释天》云，"宵田为獠，火田为狩"，"獠"的意思是夜间打猎，这里引申为采集野生菌。

和狩猎一样，拾菌子的人需要很多知识和信息储备。首先是关于菌子的各种知识——颜色、形状、味道、有毒与否，以及菌子的生长地点，还有对地形甚至天气的熟悉程度。在这方面，知识既是力量，更是财富。清末腾冲人李学诗说，"善觅鸡𪢮者，何地某日生者皆记于手册中，按日往取，有致小康者"。在阿来的小说《蘑菇圈》中，阿妈斯炯有自己的秘密菌子基地——松茸蘑菇圈。靠着蘑菇圈，十年来，她居然为孙女攒下了二十万块钱。

每一次拾菌之旅，都是我们与两个世界交互及对话的过程。第一个世界，是千百年来数十代人所积累的关于菌子的记忆世界，里面有关于菌子的种类、形状、颜色、味道、时间、地点以及有毒与否的无数知识，长久以来，这些知识大多不在教科书上，而在口耳相传的家族记忆里。

只有她一个人知道，在山上，栎树林中和栎树林边，那些吸饱了雨水的肥沃森林黑土下，蘑菇们在蘑菇圈开始吱吱有声地欢快生长。这不是想象，阿妈斯炯曾经在雨中的森林里，在她的蘑菇圈中亲眼见识过蘑菇破土而出的情景。夏天，雷阵雨来得猛去得也快。雨脚还没有收尽，蘑菇们就开始破土而出了。这里一只，那里一只，真是争先恐后啊！——阿来《蘑菇圈》

第二个世界，是菌子与山林构成的生态系统——菌子、菌丝和树林三者构成了一个交换能量与营养物质的网络，紧密联系在一起。有智慧的拾菌人拾菌子的时候，会注意保护地下的菌丝，也会注意保护菌丝赖以生存的树木和草地，比如不采摘尚小的菌子，或者用树叶和泥土回填采完菌子后的菌窝。

拾菌子，是一场视觉、味觉、触觉、嗅觉的立体综合记忆大考验。每次拾菌之旅，"猎人"都需要调动各种感官：视觉、味觉、触觉、嗅觉。《末日松茸》的作者罗安清曾经在一篇文章中写道，"在林间徘徊和对蘑菇的喜爱相映成趣。行走与身体的愉悦和沉思同步，这也是寻找蘑菇的速度。雨后，弥漫在空气中的新鲜氧气、汁液和落叶的气味让我活跃的感官充满好奇。没有什么比在黑暗而潮湿的场所遇到橙色褶皱的黄蘑菇，或在松软的泥土上看见大牛肝菌更美妙的了。且不说自己是第一个找到它们的人，那色泽、气味和图案带来的兴奋感油然而生"（《不受控制的边缘：作为伴侣物种的蘑菇》）。

拾菌的人也需要付出很多，尤其是体力。拾菌子如打猎，虽然猎物不会跑，但也是在用肉身丈量山川。如果按照每天来回十公里的距离计算，敬业的拾菌人，一个菌子季在山里来来回回走过的路程能达到上千公里。松茸和鸡枞因为能卖上好价钱而令人早起，拾菌子的人可能早上四五点就得上山，天还未亮，他们打着头灯，露水打湿衣服是常有的事。辛苦是辛苦，但是对于乡民来说，这点辛苦是值得的。毕竟做一天工才八九十块钱，采到好的菌子，能卖一两百块。

对于老练的猎人而言，拾到菌子的唯一方法，就是回到它们曾经出现的那些地方。每种菌子都有自己的窝，俗称菌窝子。虽然这一条规律理解起来很简单，但做起来并不容易。因为有无数的变量在影响着菌子的多与少：雨水的充沛程度，日照是否充足；知道同一个菌窝子的人有多少；他们是否比你起得更早；以及和他们相比，你的运气如何。在所有的因素中，最重要的是地点，其次是时间。

时间掌控一切。疯狂的降雨之后，如果能赶上剧烈的日晒，第二天清晨，必定会出现菌子的大暴发。降雨之后，菌子在山间的生长速度极快。头一天还空空如也的地方，第二天再去，就能看到很多3～5厘米高的菌宝宝；如果隔天再去，菌宝宝就变成了壮实的青年；然后很快就开伞了，开伞之后菌子会变老，如果没有被采，就会逐渐腐烂，在此过程中散发孢子，进入生命的下一个循环。拾菌人有一个经验：不用手触碰刚冒出头的菌子，尤其是很多类型的牛肝菌，否则它们就会停止生长或萎缩死亡。但可以用松针、树叶或沙土盖住它们，第二天再去，就长大了不少。

除了信息和知识的储备，以及体力的付出，剩下的就交给运气。山林是慷慨的，虽说早起的人有菌子吃，但我的经验是：什么时候去都有份儿。即便是菌子较少的天气，也能找到十几种，只是数量不多。一趟拾菌之旅，总是在确定性和不确定性的来回中展开。确定的是地点和大致的月份，不确定的是菌子的种类、大小以及所获数量的多寡。然而正是这种不确定性，保证了更多的快乐，也保证了某种公平。经验丰富的拾菌人，除了拼经验，就是拼体力和时间。后者保证了他们在不确定性中把握确定性的能力。

对于大部分人而言，拾菌子多数时候是为了补贴家用，少部分留下自己食用。在云南，勤快的拾菌人在每年6—10月的菌子季，靠卖菌子能获得五六千块钱的收入，如果在松茸产区，这个数字能达到五万。对于老人、小孩和妇女来说，这是一笔不错的家庭收入，每天只需要付出两三个小时的辛劳。中国食用菌协会调查统计显示，2020年，云南新鲜野生食用菌的开发量约22万吨，大概160亿的市场规模。做一下简单的推导就能知道，分布在云南各野生菌产区的拾菌人数约100万，他们和大大小小的菌子老板一起，撑起了云南野生菌产业链的上游。

今天，很多人在短视频平台上跟随菌子产地的主播——具备多重身份的新一代拾菌人，隔着屏幕享受沉浸式的山野乐趣。他们是消费者，也可能是意见领袖，其中不少人还加入了原产地拾菌人的队伍。这样的联结日益紧密、频繁，正在改变菌子产业的某些链条。由于他们的体验，菌子不再仅是神秘的食材和林间的初级产品，这种神奇的山间精灵及其背后的文化和生活方式，正在被越来越多的人认识并了解。

山林能给予人的，常常超乎预期，它就像一个蕴含了无穷能量和信息的宝藏，而菌子恰好是开启这个宝藏的钥匙。作为采集狩猎时代人类获取食物能量及营养方式的遗留，拾菌子的活动在这个产业化食物供给链如此发达的时代，除了提供人们喜爱的山珍美味，还有另一种象征意味，那就是回归某种自由。

越来越多生活在大城市钢筋水泥丛林里的人，在夏日的雨季飞到云南。他们不再满足于大理、丽江、香格里拉的美景，像祖祖辈辈就在乡间山林拾菌子的云南人一样，他们背上箩筐、拿起竹杖，在当地人的带领下，开启了一趟趟拥抱大自然的自由之旅。有时候即使所获甚少，他们也乐此不疲，拾菌子本身就是一种乐趣。

人类以为自己驯化了植物，其实是植物驯化了人类，这是历史学家尤瓦尔·赫拉利在《人类简史》中提出的观点。在他看来，人类自从发明了农业，就陷入了被规训的命运，辛苦劳作，被奴役、剥削。进入工业时代之后，人们被消费主义引导的欲望控制并驱使，在资本和权力织就的膨胀大网中不断消耗自己的生命及能量。对他们而言，野生菌这种无法被驯化的存在，因为处于难以被控制的边缘世界，喻示着更多的自由。

枝丫间的蛛网，树下的松球，松软的泥土，新鲜的空气，透过林间树叶洒下的阳光，舒适的微风，或远或近的虫鸣与鸟叫——这是人类祖先曾经生活的环境，是写在人类基因里的记忆，所以一旦踏入山林，很多人就有了自由回归之感。不期而遇或预期而现的菌子，已经带给我们很大的惊喜，而那些红的、白的、蓝的、黄的、青绿的、黝黑的菌子，经大自然神奇画笔调写，带有鲜活生命气息的五颜六色，冲击着人类的视觉，涤荡着工业化时代和过度消费时代的审美疲劳。菌子的芬香和鲜美，则是给猎人额外的奖赏。

在山间寻找菌子，与捕捉灵感和智慧的过程何其相似；在某个草丛里或树林间，菌子的出现，一如灵感和思想在脑海中的涌现。美国有一位特立独行的音乐家、作家约翰·凯奇（John Cage，1912—1992年），也是一位狂热的蘑菇爱好者。在他看来，在音乐创作中寻找灵感，就如同在森林中寻找"隐秘的蘑菇"。他曾说："思想的发现，亦如在森林中找菌子——只需要不断地寻找。"

《林中拾菌的姑娘》(*Inner Forest with Mushroom Searching Girls*)，奥地利画家西奥多·冯·霍曼（Theodor Von Hörmann）绘，1892年

菌子猎人养成记

一小片鸡油菌，冲着走近的人们真切地散发着光芒；它们一下跳入眼中，使得身处昏暗环境中的人们一眼就能完全看见它们耀眼的光彩。——彼得·汉德克《试论蘑菇痴儿》

无论在哪个领域，要成为行家里手，都逃不过"一万小时定律"。这是畅销书《异类》的作者马尔科姆·格拉德威尔在书中得出的结论："人们眼中的天才之所以卓越非凡，并非天资超人一等，而是付出了持续不断的努力。一万小时的锤炼是任何人从平凡变成世界级大师的必要条件。"要成为某个领域的专家，需要一万小时，按比例计算，如果每天工作八小时，一周工作五天，那么成为一个领域的专家至少需要五年。当然，成为一个找菌子的合格猎手，并不需要一万小时这么长时间的训练和专注，但知识与技巧的持续学习以及充分的实战训练，是必要的。

林中鸡油菌

菌子是连接我们彼此的纽带，是我们与大自然沟通的一部分。我遇到的几乎所有大人和小孩，都喜欢蘑菇（菌子），他们要么单纯地喜欢这个神奇的物种，要么喜欢吃，抑或两者兼而有之。兴趣是万事之师，只要不缺行动，每个人都可以在菌子的世界里收获很多。无论是菌子天生的美丽、其天然的美味，或者拾菌子这一活动本身独有的幸福与快乐，以及在此过程中大自然慷慨赠予的无穷知识和能量，每一个人都可以得到。此四者得其一，甚至几者兼得，在我看来都不是很难的事。

优秀的菌子猎人，无不能"尽菌之性而究其用"；每个人都有机会成为一个出色的菌子猎人。第一步，是要喜欢这个神奇的小精灵——古人认为菌子无根无蒂，乃山川草木之气结而成形，吸收了山川草木之灵。第二步，是走出去，在山林里亲自采摘一两种可食用的野生菌，从当地最常见的食用品种入手就行。回家之后，美美地吃一顿，记住它的气息和味道。

为了顺利完成第二步，可以提前看一些当地的野生菌图鉴资料，当然，这个步骤也可以稍后。你只需要找到一位相对资深的拾菌老手带领你就可以。新人最关心的第一个问题是地点：哪里可以采到菌子？毕竟不知道地点，在山里乱转碰运气的结果通常都令人泄气。借助社交媒体，或询问拾菌老手，地点问题不难解决。

第二个问题：采到的菌子有没有毒、能不能吃？要回答第二个问题，需要将菌子的名字搞清楚，尤其是正式名。如果能遇到当地老乡，可以向老乡请教菌子的名字（通常是俗名），以及能不能吃。如果没碰到熟悉这种菌子的人，还可以依赖专家的解答或自己查阅专业书籍。描述大型真菌的图鉴通常都配有文字，一般包括菌帽、菌肉、菌褶/菌管、菌柄和孢子五个维度。除了孢子需要借助显微镜等设备，其他几个维度的资料都可以用手机拍照留存。为了准确记录所采菌子的信息，最好在其"生境"进行各个角度的拍照或录像。此外，还需要观察菌子受伤以后的变化情况，可以掰下一小块进行观察，并且生尝一口（记得吐掉，不要咽下去）。很多菌类的识别和鉴定，需要观察菌体受伤变色的情况（见手青），以及是否有汁液渗出（奶浆菌）。

将不认识的菌子用单独的袋子装好，回家以后可以咨询社交网络上的专家，或搜索专业资料，查询收录当地菌子的专业书籍。当然，还可以借助当地菌子业余爱好者组成的社群，你能遇到的菌子大概率别人也遇到过。身临其境自己采菌子，除了视觉资料，还能获得触觉、味觉和嗅觉等丰富信息，再借助专业知识，基本能对90%的菌子属于哪个科、哪个属以及能不能食用进行基本判断。这是一个笨办法，按照这个方法进行识别，做好笔记，不断积累，很快你就会认识十几种甚至几十种菌子。此外，仔细观察同一种菌子在幼年、少年、青壮年及中老年时的形态特征，会极大加深你对这种菌子的认知。值得一提的是，有智慧的人不会依赖识图软件来鉴别蘑菇，这个领域目前因为缺乏资金投入，数据准确性相比植物类的识图软件差很多，还不如靠自己加一本真菌图鉴。

需要注意的是，无法识别和没有把握确定的菌子都要扔掉，以免误食。有时候，我们会遇到一种情况，专业书籍描述的某一种菌子无毒可食用，但是当地人表示该种类有毒不能吃，那就以当地人的判断为准。毕竟很多专家的资料和信息也来自老乡，当地十几代人数百年积累的知识和记忆，有时候比专家可信。反过来，如果当地人说某种菌子可以食用，但是专业书籍提示有毒或不宜食用，则应以专业书籍为准。

玫瑰红菇，柳开林摄（云南楚雄）

能成功识别几种常见的菌子，你就已经在菌子猎人的道路上前进了一大步。我的经验是，对于菌子来说，只有你认识它，它才认识你（在山林中总会被你碰到）。这将是你的巨大优势。在野外尤其满是树叶和杂草的地方，人的第一眼首先看到的是自己熟悉的东西，不熟悉的东西你很难发现，除非它长得很显眼。显然菌子都善于隐藏自己，不属于长得显眼的那一类（如各种好看的野花、野果）。这就是为什么我建议先从自己熟悉的一两种菌子入手——先易后难有助于建立信心，掌握基本方法之后，再逐步进阶，达到事半功倍的效果。如果某种菌子你已经采到过十次八次，亲自下厨烹饪并享用过它的美味，这种菌子就会变得和你相当熟，它的形状、气味、颜色、口感等熟悉的感觉，会成为你的潜意识，能让你在森林里捡菌子的时候，高效调动自己复杂而强大的生物搜索系统，只为发现那一小朵熟悉的菌盖。

成为菌子猎人的过程，是我们不断与菌子世界和森林世界交互的过程。熟悉菌子，要靠不断学习和积累，也要熟悉菌子生长的森林和环境。很多菌子和树木是共生关系，比如松树就和很多菌子共生，包括干巴菌、松茸、红牛肝菌、黑牛肝菌、血红铆钉菇、点柄乳牛肝菌等。很多阔叶林树木，会和粉紫香蘑、白牛肝菌、黄牛肝菌、疣柄牛肝菌等大型真菌共生。搞清楚这些关系，我们在森林中就可以有效缩小搜索面积，提高成功率。

不断地上山，不断地回到某一个老地方，是找到菌子最有效的方法。菌窝子之所以存在，是因为真菌的菌丝已经和树根形成了稳固的生态系统，只要环境不发生剧烈变化，菌窝子就不会跑。当然，也需要不断开拓新的菌窝子。如果能在一片山林里拥有几个菌窝子，就能保证每一次出门都不会空手而归。比如，在北京的山区，肉蘑（血红铆钉菇）总是成片出现在油松林下，只要发现一朵，基本就是一窝。而且大多数时候，它们总是和松蘑（点柄乳牛肝菌）相伴出现。所以如果发现了两者之一，附近大概率会有另一种。

每个菌子猎人都有几块自己的秘密基地，也有自己捡菌子的"秘术"。前者主要是时间和阅历的积累，后者则是经验和技巧的积累。比如，有人就擅长找某一种菌子，每次去必有发现，从不落空；有人嗅觉特别灵敏，只要菌子一冒头，隔着几里地就能闻到气息。松茸猎人、松露猎人和鸡㙡猎人则是所有菌子猎人中的顶流，对他们而言，一张精密的菌子时令地图，加上勤奋和专业，三者缺一不可。

成为菌子猎人的第三步，是建立对毒菌子或者说毒蘑菇的基本认知。对于菌子世界之外的人而言，这个世界神秘又危险。神秘自不待言，危险在于毒蘑菇似乎很厉害，有触之即亡的恐惧。实际上，菌子的毒素由浅到深，分为肠胃炎毒性、神经型毒性以及肾脏和肝脏损害等，只要不被肠胃吸收，就无法起作用。但是，也不能冒无知之险去追求美味。正确认识我们可能会面临的危险，了解哪里有危险，然后避开那些地方，才是明智的方法。

第一，尽量准确识别遇到的每一种菌子，是我们的理想状态。如果不能，可以用排除法。每个地区都有代表性的剧毒菌/毒蘑菇，你要牢牢记住它们的样子。第二，无法确认是否可以食用的菌子，一定不能食用，即便它实际上无毒。第三，触摸和生尝某一种有毒的菌子通常是没有危险的［剧毒的火焰茸/红角肉棒菌（*Podostoloma cornudamae*）除外］。第四，对神奇的菌子世界怀着谦卑和感恩之心，是拾菌者的底层修养，这种谦卑能让你不至于过度自信而走向危险的深渊。

对于初学者来说，拾菌子如同开盲盒，你永远不知道今天打开的是什么。但有一点是可以确认的，你发现菌子的那一刻，内心的惊喜和雀跃要远远超过小时候打开一盒巧克力。大部分时候，你都会忍不住欢呼起来，虽然这样的举动在山林间不是很明智。慢慢地，

一篮橙盖鹅膏菌

你认识的菌子多了起来，知道的地方也多了几个，你就会默默地、聚精会神集中精力，不放过每一片可疑的枯叶和每一片草丛。

在山里的时间总是过得很快，在光和影的交替间，在风声、鸟声和树叶沙沙声的交织间，不知不觉两三个小时就过去了。如果能达到这样的境界，那么说明你已经入门了。剩下的事情，就交给时间，第一百个小时、第一千个小时、第一万个小时，它们只是生活中的某种标记，重要的是在其中有所得。

食

食菌记

Part 3

01   不时不食

中世纪的新鲜食物要比现代的新鲜，因为它们都是在当地生产的。——菲利普·费尔南多-阿梅斯托《吃：食物如何改变我们人类和全球历史》

什么时候的菌子最好吃？这其实是一个复杂的问题。在此之前，我们先讨论一下超市里买到的大部分生鲜食品为什么不好吃。

清晨上山拾菌，最新鲜收获

城市里的人们今天吃到的各种蔬菜和水果，常见的比如西红柿，总是没有小时候的味道。稍微好吃一点的，价格都在十几块一斤。究其背后的原因，我认为有几方面。首先是产、销两地的分离，要求生鲜食品必须耐存储，以满足长途贩运和长期销售的需求，所以那些耐存储的品种（口感稍欠）就成了种植户的首选和主流。其次，为了便于长期存储，果品蔬菜需要提前采摘，所以没有充分成熟，不怎么好吃是肯定的。地里长的东西，大部分是树熟的最好吃。最后，多数生鲜产品采摘以后还会呼吸和生长，会消耗自身的营养物质。

当然，人们在市场上也能买到好吃的东西。但是好吃的品种不耐存储，所以种植得少；加之采摘晚、熟得透，因而损耗更高，价格贵是必然的。

野生香蕈，李康丽摄

所以，新鲜度及成熟度，决定了生鲜食品好吃与否。这一点，我最佩服的是苏州人。不时不食，是苏州人对饮食的讲究，什么时候吃虾，什么时候吃苏菜，什么时候吃菱角和荸荠，什么时候吃大闸蟹，安排得清清楚楚、明明白白。这是一种对食物生命节律和所供养土地的朴素敬畏。

什么时候的菌子最好吃，其实就一个字：鲜。这个道理，是我到北京以后很多年才想明白的。前几年中秋、国庆前后，我请朋友们来家里吃饭，经常会从老家买新鲜的菌子——这得益于大型物流公司的冷链覆盖到了云南。虽然大家反馈很好吃、很美味，但我总感觉不到小时候的味道。我曾经怀疑是炒菌子用的油不对，没有用猪油；也怀疑是菌子的品类太单一，所以味道不够香。

直到去年夏天，在云南的大伯家里，再次吃到了小时候炒菌子的味道，我才突然想明白了，为什么居住在城市里的人，吃到的食物永远没有乡下的香。因为城里人吃的食物大多没有灵魂。最好的味道，从地头到餐桌的时间不宜过长。很多食物离开土壤或植株之后，其实还活着，还在呼吸，因此很多养分会被消耗或者散失，离烹饪的时间越长，就越没有灵魂。在山上采的菌子，回家立刻炒着吃，那味道，比我带回北京再吃，鲜美百倍。所以，到我家吃过菌子宴的北京朋友，只体验到了菌子最鲜美时刻的五成味道。

实际上，古人要比我早明白这个道理。

宋末元初周密所著的笔记丛书《癸辛杂识》，记录了浙江台州仙居出产的桐蕈（香蕈）。这是一种味道极佳的山珍，但是要带到远方，须用麻油浸泡，色泽和味道差很多。陈仁玉的姑姑谢道清，是

兰茂牛肝菌，柳开林摄（云南楚雄）

南宋理宗的皇后，非常爱吃家乡出产的香蕈。于是派人用双手举着长满菌子的桐木，一路送到南宋的都城临安。现摘现做，上桌为鲜。

我用地图测了一下，台州仙居到南宋临安（杭州城）有二百多公里。我在想，新鲜香蕈的进京之旅，是骑马还是坐轿呢，路上不会给颠簸散了吗？南宋还没有冷链，人们就创造条件，只为一口鲜，有点追求极致的感觉。

在云南的拾菌季，不必长途奔袭几百里，就能享受古代皇帝的食鲜待遇。

刚采摘回家的菌子不宜久放，如果早晨上山，十点多下山，正赶上家里做午饭的时间。几个人一人搬个小板凳，每人一把小刀，七手八脚地把带着松毛、树叶和杂草的菌子一朵朵从箩筐里拾出来，削去泥土和生虫或不新鲜的部位。再准备一大盆清水，门口摘几片南瓜叶——菌子沾水会很滑，南瓜叶上有毛，用来清洗滑溜溜的菌子再合适不过了。

两个人负责洗，一般要清洗三次。最好洗的是炒菌类，比如各种牛肝菌，基本不爱沾泥土，而且菌孔很密，泥土进不去；青头菌或大红菌之类的炒菌清洗起来会费些工夫，菌褶里面容易进泥土。不过没有什么是一盆清水解决不了的，清洗好的菌子，按照汤菌和炒菌分开，迎接它们的将是不同的烹饪方式。

最难清洗的是鸡㙡，毕竟"鸡土从"的称呼不是白叫的，它脖子以下都是泥。如果运气好，找到一大窝，一个人洗起来，能洗到你头发晕。清洗鸡㙡，最好提前泡半小时，也是用南瓜叶。不过几个人一起收拾会轻松很多。洗完鸡㙡的盆底都是泥，所以要多清洗几次，直到盆底无沙、水色清澈。

清洗干净的菌子，在下锅之前还有一道工序，那就是切分。炒菌放在砧板上切成薄片就行。如果是见手青类的牛肝菌，能看到菌子的切口从蓝变黑的整个过程。汤菌不用刀和砧板，用手撕成小块就可以。鸡枞也用手撕成条状，新鲜的鸡枞比较脆，不费劲。

厨房里万事俱备，炉火正旺。炒菌只需要肥肥的腊肉，不需要放油，加几片干辣椒和几瓣大蒜爆炒出香味，小半盆菌子下锅，不用放丁点儿水——菌子含水量很高，炒几下就出汤汁。见手青炒不熟，吃了会看见小人儿，俗称放电影，这样的中毒经历，在云南叫"被菌子闹着了"。所以炒见手青，一定要充分熟透，这是家家户户的常识；出锅前还可以放一点自家的腌菜，会更香。汤菌的做法，也简单，像炒菌一样炒一下，加水煮开。鸡枞就更简单了，或炒或煮，注意保持其本味就可以。

所以，从上山到菌子出山，再到上桌，最多也就三小时，焉能不鲜。这就是我理解的时与食。和前文所写的南宋皇室诸谢"桐木以致之，旋摘以供馔"的做法相比，新鲜程度更胜一筹。毕竟菌子就在山后三四里地的林子里。去年北京的同学和我回老家拾菌子，吃到自己采、自己洗的菌子时，她说那是她吃过的最好吃的菌子。

除了离开土壤及山林的时间，采摘时菌子的生长状态也会影响其口感和味觉体验。南宋杨万里《蕈子》诗中所言"伞不如笠钉胜

美味牛肝菌

笠"，说的就是菌子采摘时候的形态。开伞的比不上刚开伞如斗笠状的，斗笠状的不如未开伞像钉子状的。看来，杨万里有很丰富的拾菌子、吃菌子的经验。

不时不食的另一层意思是，菌子不等人。抓紧享用时令美食，过了季就再也吃不着了。这话是对居住在城市里的人说的，比如昆明人。虽然没有机会自己采，但是吃菌，他们有太多可选啦。

生活在昆明的人的幸福之一，就是不但可以在木水花市场买到各式各样的新鲜野生菌，还可以开车到周边的县里去吃最鲜的菌子。如果画出一幅昆明周边吃菌地图，你会发现目的地基本在一百公里左右，车程也就一小时。昆明爱吃菌子的人，每周可能要驱车前往周边的某个县吃上两三次才过瘾。2021年8月，朋友开车带着我，去了武定罗婺彝寨的一家野生菌招牌店。下午六点多到，不一会儿，饭店里的上百张桌子就都坐满了。

在开饭的间隙，我特意去看了餐厅专门的菌子加工间。一筐筐买来的菌子，在几个专职阿姨的手中，经过检查、削拣、清洗和切片的一道道流程，一盆盆地送入后厨。不一会儿，现切的松茸、现炒的牛肝菌、火腿炒的青头菌、脆甜的炒鸡枞、新鲜的竹荪和各种菌子炖的一锅鲜，就都上齐了。像这样的一顿全菌宴下来，人均才七八十块，真是实惠又新鲜，品类还丰富。

除了武定罗婺，昆明人吃菌子、买菌子的常备选择，还有晋宁六街野生菌市场、全省最大的干巴菌产地宜良小哨，以及寻甸河口镇、禄劝、易门等地方。其他地级市也都有自己的菌子市场，有的人甚至可以直接开车上山，现采现吃。我的老家就有很多县里的朋友，开着车上山拾菌子，一脚油门半个多小时就到了。

02 菌子配火腿

> 烹饪在任何地方都象征着文明、社交以及掌控大自然。——人类学家克洛德·列维-斯特劳斯

炒菌子要用猪油，最好切几片肥一些的腊肉先炼一下，这是我小时候观察到的生活经验。后来，我读到清代大诗人兼美食家袁枚《随园食单》"须知单"的记载："有交互见功者，炒荤菜用素油，炒素菜用荤油是也。"不由得感叹：古人诚不我欺也。山茅野味都很素淡，一定得用动物油脂，最好是猪油或者鸡油搭配，才能激发风味。荤素交互见功，这其实是长久以来人们总结的生活智慧，只不过经袁枚这个清代的意见领袖一总结，立刻上升到了理论的高度，从此被厨师行业奉为圭臬。

作为荤派的代表，火腿是另一种维度的美食。从时间上看，火腿属于冬季，云南每年的冬天，都是制作和腌制火腿的好时节；从空间上看，上好的火腿要在地窖里经过漫长的发酵和陈化。云南立体化的气候和不同的物产因素，让各地的火腿呈现出不同的风味特征。云南的火腿地图和菌子地图基本上是重合的。这说明两种美食的孕育，需要相似的气候环境，只不过菌子和火腿各自所利用的因素不同。

与作家阿城（他当知青时在景洪）同时期在云南当知青的著名作家王小波（当知青时在德宏），写过一篇奇文《一只特立独行的猪》（这篇我在高三时读到的文章，奠定了他在我心中的地位）。这只猪有些与众不同——"我喂猪时，它已经有四五岁了，从名分上

说，它是肉猪，但长得又黑又瘦，两眼炯炯有光。这家伙像山羊一样敏捷，一米高的猪栏一跳就过；它还能跳上猪圈的房顶，这一点又像是猫——所以它总是到处游逛，根本就不在圈里待着"。能长到四五岁，又黑又瘦，而且几近放养，这就是云南用于制作上好火腿的乌金猪及其饲养方式。

肥瘦适中的乌金猪后腿经修割整形，再由火腿制作师傅用盐巴反复揉搓充分融合，堆码翻压两周，之后洗晒晾干，才会进入富含特有菌群的地窖，在适宜的温度和湿度环境下，安静地等待成熟。这是一条宣威火腿生命历程的开始。云南很多地方都会自家制作火腿，工艺和流程大致类似，虽然各具特色和风味，但食用前存放的自然发酵时间都在一年以上。所以，火腿是时光沉淀的艺术，代表了越陈越香的食物哲学。

而菌子，则讲求时令当鲜，识时而享。时间上，它们是夏天的宠儿；空间上，山林让它们自由而奔放。云南人喜欢用火腿来激发菌子的香味。菌子遇见火腿，是沉淀的时光与鲜活的节令之间的完美碰撞。

菌子好吃，因为富含氨基酸和蛋白质；火腿也好吃，因为也富含氨基酸和蛋白质。用菌子和火腿搭配，那就是绝代双鲜：菌类和动物两种不同的氨基酸和蛋白质的碰撞。炒菌子的时候，切几片云南火腿炝锅，油和盐都不用再添。在动物油脂的催化下，菌子的山野之气被驯服，变得香醇滑口。

这也正合袁枚《随园食单》之意，可惜我猜他没有吃过火腿炒鸡枞。不过我最爱的，还是火腿烧鸡枞汤，起锅之前放几片绿色的辣椒，无须太多，太多则夺鸡枞之鲜。明代大旅行家徐霞客也喜欢鸡枞烧汤，他在大理祥云古城向童子买的鸡枞，就是这么吃的。清代大诗人赵翼在昆明路南（石林）向挑担的彝族同胞买了大鸡枞，"漉之井华水，和以煮苍豨（肥猪肉）；斯须来入老饕口，老饕惊叹得未有"。他也是在路边找口井，用井水将鸡枞洗刷干净，切几片肥白的野猪肉一起烧汤，吃完还感叹，这辈子从没吃过这么好吃的。那味道，我估计曾让他与写《思乡与蛋白酶》的阿城一样，记了一辈子。

结实脆甜的鸡𣆸（最好用根茎粗壮结实的牛皮鸡𣆸）切片，和煮好切开肥瘦各半的火腿片一起吃，也是难得的美味。松茸和火腿的碰撞，则是另一种美。如果说鸡𣆸的美感，像传统的中国大家闺秀，那么松茸的美感，则好比热情奔放的意大利女子。用可以生食的意大利火腿卷松茸，是我的最爱。

说来也巧，意大利也盛产菌子和火腿。这看似一种巧合，其实是某种必然。从地理纬度、气候和物产几个角度看，两个地方很相近。我2019年第一次到意大利的时候，就是这种感觉。后来我查阅资料才发现，二十世纪初期，第一批到达意大利、后来也到过云南的人们，已经意识到了这一点。

"见云日晴丽，花树缤纷，稻田广布，溪水交流。其沃饶殷阜情形，甚似江南。而上下四望红黄碧绿，色彩之富艳，尤似意大利焉。"这是国学大师吴宓日记里对他1937年初抵云南时所见所感的描述（当时他在西南联大任教，讲授国学），印证了我的感觉不只是"家乡宝"的一己之见（家乡宝，以家乡为宝之意，有两层意思：一是云南人爱家乡，不管走到哪里，都是家乡最美；二是云南有全球独一无二的舒适气候，冬暖夏凉是云南大部分地区的气候特点，因此云南成为避暑和御寒的胜地，云南人即便走出去了，也会对家乡

意大利帕尔玛火腿切片

意大利佛罗伦萨菜市场上的美味牛肝菌

鸡枞蒸火腿

念念不忘，总要想方设法地跑回来）。

在意大利的知名物产清单上，排名第一的是帕尔玛火腿（Prosciutto di Parma），据说有一千多年的食用历史。由于工艺流程及加工设备的改良，帕尔玛火腿含盐量不高，充分发酵熟化的帕尔玛火腿可以切片直接吃，不咸不腻，口感极佳，是意大利餐厅的必备菜品。意大利人喜欢用现切的火腿片裹着冰镇甜瓜来吃，别有风味。我不太吃甜，在意大利第一次品尝甜瓜卷火腿的时候，以为会很甜、很腻，吃到嘴里却不是这样。当时就萌发了回国后一定要尝试一下火腿卷松茸的想法。

除了火腿，意大利也盛产牛肝菌，他们将其视为欧洲菌中之王。鸡油菌、羊肚菌和白松露，加上美味牛肝菌，号称意大利野生菌的四大金刚。威尼斯人把美味牛肝菌轻微加热做熟，和生牛肉一起做成拼盘；鸡油菌和菲力牛排搭配也是经典做法。看来，用菌子和肉类两种食材相互激发，是东西方共同的默契。

意大利西北部的山区——皮埃蒙特地区的阿尔巴出产著名的白松露。这个地区的位置，类似于云南迪庆的香格里拉，那里也是松露产区。我有限的几次品尝黑松露的经历，吃的都是云南黑松露。除了切片生食或煲汤，我还尝试过用意大利火腿卷着黑松露来吃，两个半球的碰撞也别有风味。在所有的菌子中，只有彩色豆马勃的香气和黑松露有些接近，也许是因为它们同属块菌。新鲜的黑松露切片奇香无比，这种香气不同于松茸，用它卷上意大利火腿，吃起来有种爆香的愉悦感，而松茸吃起来口感香甜，也更嫩一些。同样是搭配火腿，两者有不一样的风采。

总结起来，菌子和火腿相遇的方式有很多种。第一种是火腿切片炝锅，炒菌子、炒鸡枞或者火腿烧鸡枞汤，火腿在其中都是作为配料，提味提鲜；这几种做法所用的火腿，不一定要陈化几年达到可以生食的程度，普通的火腿就可以胜任。第二种是煮熟的老火腿切片和鲜鸡枞搭配，两种食材各尽其能而又互相成就，所用火腿也不必达到熟化。第三种是可以生食的意大利或西班牙火腿，搭配鲜鸡枞切片、松茸切片或松露切片，这是顶级食材的激烈碰撞和交融，却至臻化境。《吕氏春秋》说"和之美者……越骆之菌"，我觉得这种吃法，才将菌子"和之美者"的作用发挥到了极致。

最后的豹尾，我决定交给老火腿脚菌锅。老火腿脚就是猪的后脚或前脚。火腿主体部分的肉比较厚实，切完之后，还剩下一只脚。这个部位的火腿是剩料，做菜嫌骨头多，扔掉又太可惜。于是云南人用它来煮一锅汤。

加工老火腿脚需要花些工夫。先用热水泡一下，然后用刀刮去表皮氧化部分的油脂，再拿一把大砍刀，将老火腿砍成小块。柴火烧旺，大铁锅盛满清水，煮它两小时，直至皮开肉绽，胶原蛋白和火腿特有的香气四处飘散的时候，就可以把准备好的菌子下进去了。等到菌汤和老火腿汤再次滚沸，就可以开锅，也不需要再加盐或者别的调料。如果有见手青之类的，可以多煮一会儿，煮到二十分钟以上就安全无虞了。

云南的拾菌季，正好也是雨季。如果遇到下雨天，出门回来，吃上这么一锅老火腿脚菌锅，足以驱散湿寒之气，填饱辘辘饥肠，这是菌子香和锅气带给生活的满足感。

03 油炸可以致远

　　美好的食物总是短暂的，野生的菌子更是如此。所以南宋理宗皇后谢道清，才会让人砍下长满香蕈的桐木，双手并举一路扛到京城，现摘、现做、现吃。古代特权阶层用大力出奇迹的方式，在一定程度上解决了距离的问题（二百至两千三百公里）。这些古代皇家专用的快递，都是从物流角度思考解决方案的。空间的问题勉强解决了一部分，还有时间的问题待解决。

　　为了突破食物保存和运输的时间与空间障碍，人类一直在技术上努力。这种努力可能持续了好几千年，才在十九世纪初的法国，因为拿破仑出于军事需要重金悬赏而得到突破，这就是罐头技术和罐头食品的发明。通过灭菌和密封，罐头食品能够长期保存、远途运输，满足了远距离行军的饮食及营养需求（拿破仑甚至将罐头的发明家尼古拉·阿佩尔称作"人类的恩人"）。据说牛肉干也是为了满足军事目的而被发明的。

　　另一种尝试方向是低温保鲜。最早的低温保鲜设备，就是一大坨冰加上大盒子，叫冰鉴。这种简易的设备和思路，记载于《周礼》。然而冰鉴只能用于少数祭祀的场合，低温保鲜设备的普及还要等上两千多年。差不多也是在十九世纪上半叶，欧洲人发现了冷却效应，由此发明了电冰箱这样的低温保鲜设备。

　　然而中国人还有第三个思路，那就是用植物油浸泡的方法来保存食物。"天台所出桐蕈，味极珍，然致远必渍以麻油。"南宋周密所著《癸辛杂识》中的这条记载，透露了八百多年前，人们就知道用麻油浸渍的方式来保存菌子。另一个典型例证是蒟酱的发明，历史上很多人认为蒟酱其实就是鸡㙡油，或者叫油鸡㙡。

"梁武帝日惟一食，食止菜蔬。蜀献蒟蒻，啖觉美，曰：与肉何异？敕复禁之。"这个故事记载于明代中期刘文征所著的《滇志》，认为蒟酱就是鸡㙡油。梁武帝萧衍，这个改变了中国佛教徒饮食习惯的虔诚礼佛皇帝，每天只吃一顿饭，而且都是蔬食素菜。蜀地进贡了蒟酱，他尝了之后觉得非常鲜美，像是在吃肉，这就有点影响他吃斋念佛的追求了，于是他下令不许再进献。也许油鸡㙡太美味，在故事中要么被汉武帝吃过，要么被梁武帝尝过，总之要参与一些重大的历史事件才行。无论古人的记载确实与否，我们可以肯定的是，用油来浸泡并保存新鲜菌子的方法古已有之，最晚在南宋，往前可推到南朝或更早的汉代。

在明代，鸡㙡熬液为油的制作方式已经很普遍。明代《永昌府志》记载："若熬液为油，以代酱豉，其味尤佳。浓鲜美艳，侵溢喉舌，洵为滇中佳品。"

因为便于保存及长途携带，鸡㙡油在古代成为馈赠佳品。清代檀萃《滇海虞衡志》说："滇南山高水密，而鸡㙡之名独闻于天下；且以鸡㙡为油，诸生珍重而馈之。"

为了证明蒟酱其实就是鸡㙡油，清末腾冲人尹艺亲自还原了鸡㙡油的制作方法，并作《鸡㙡》诗以记之。鸡㙡清洗干净备用，等水分沥干，把油和鸡㙡倒进瓷瓶，大火烧滚之后用小火慢熬，这样蒟酱就成了！他认为鸡与蒟发音比较相近，蒟酱其实就是鸡酱——鸡㙡油。

我充分相信这个方法就是古法，因为今天我们老家人做油菌子或油鸡㙡，也是同样的制作手法。如果古老事物的相关知识今天依然在用，那么大概率可以判定：古人或先民也具备同样的知识和智慧。

炒鸡㙡和菌子最好用动物油脂，而制作油鸡㙡/菌子，则用菜籽油。油菜籽是云贵川广泛种植的油料作物，用香喷喷的菜籽油来加工并保存珍贵食材，是云贵人民的日常生活智慧。在云南楚雄，用菜籽油加工和制作美味的豆制品，已经是一个成熟的产业——知名的中国地理标志农产品"油腐乳"，就是用炼制熟的菜籽油，浸泡发酵腌制好的霉豆腐制作而成的。

2021年8月，我在外婆家就亲自演练了一番用菜籽油炼制油菌子的古老技艺。

外婆家

油鸡枞

各种各样的菌子，洗干净撕成小块，沥水半小时。菌子沥水的过程中，在门口菜地里摘几个新鲜的红辣椒切段，再剥一碗蒜瓣备用。外婆搬出去年收的油菜籽榨的油，院子里的大铁锅涮洗几遍，把炉火烧起来，铁锅水分烧干后，倒入小半盆菜籽油，先把红辣椒段和蒜瓣倒进去，不断搅拌，为了增香可以再放入一大碗干的红辣椒，再继续炸，炸到金黄出香。这个时候就可以放入主角菌子了。菌子的水分如果没有完全沥干，会有油花溅起来，此时要注意。

新鲜的菌子含水量本身就高，又用水洗过，所以炸起来比较耗时，要一个半小时左右。高温油炸的主要作用是去除水分，油脂和蛋白质氨基酸在高温的作用下，让整个院子都飘满了香味，邻居都可以闻到。真是墙里炸菌墙外香。炸的过程中需要随时翻炒，以免菌子粘锅或者炸煳，火势保持中火就可以。一个半小时后，菌子被炸干，吃起来有嚼劲，就可以熄火了。准备一些瓶子，提前洗好晾干水分，等油菌子（鸡枞）温度冷却后，就可以装瓶保存。

菜籽油有种浓香的味道。如果想更清淡一些，还可以用山茶籽油。云南的山茶总是在每年春节前后开放，到了夏末秋初，漫山的山茶籽逐渐饱满和成熟，外婆一家人就会上山摘油茶果，每人背个背篓，几小时就能装得满满的回家。这些山茶树都是野生的，每年春节开花，就长在人们经常采菌子的山坡上。我小的时候，不知道山茶籽油是个好东西，只觉得其香味比菜籽油清淡。后来我才发现，山茶油是个宝贝，而且卖得不便宜，它不含胆固醇和芥酸，其不饱和脂肪酸占比90%以上，非常适合现代人营养过剩的生活饮食。油茶果摘回来以后，在云南的大太阳底下暴晒几日，收起来，攒够几麻袋就可以榨油了。用山茶籽油炸菌子或鸡㙡油，味道也非常不错。

高温杀菌，去除水分，隔绝空气，菌子和植物油脂碰撞之后，能保存半年多，美味的食物终于突破了空间和时间的限制。和罐头发明后形成了罐头产业一样，油炸菌子（鸡㙡）也成为一个小型的产业。每到食菌季，云南的餐馆里都会炸制油菌子（油鸡㙡），放在店里售卖，也有给企业做成定制礼品的。我有个朋友是专做云南菜的厨师，在北京几个知名的云南餐厅里都做过。他的老家云南临沧盛产火把鸡㙡，尤其适合用油炸制。每到菌子季，他的家人就会收购很多新鲜的鸡㙡，用以制作油鸡㙡。这是他们家的生意，每年能做2吨多。每年他家都会雇不少人帮忙，也算带动了就业。

然而，和规模化、产业化的罐头食品不同，油菌子或油鸡㙡因为无法大规模生产及制作，很多商家会用人工种植的香菇或平菇来加工。虽然吃起来也不错，却有天壤之别。毕竟世间真正美好的东西，都是无法量产的。

珍贵而美味的鸡㙡油，总是留给最珍重的人的，比如徐霞客。1639年农历九月，徐霞客在日记中记录了他在大理鸡足山的早餐："十四日，三空（和尚）先具小食（早餐），馒后继以黄黍之糕，乃小米所蒸，而柔软更胜于糯粉者。乳酪、椒油、蕒油、梅醋，杂沓而陈，不丰而有风致。"

鸡足山是西南佛教名刹，徐霞客早年就心向往之，后来终于与鸡足山结缘。他曾两次驻留鸡足山，最后一次长达四个月，一边养脚伤，一边编撰《鸡足山志》，与山上的僧人结下了深厚的友谊。徐霞客将游记的最后一条留给了油鸡㙡。朋友三空和尚当天给他准备了丰盛的早餐：馒头、小米蒸制的软糕、用以佐餐的四样小品，"不丰而有风致"。这个"风致"，其实就是大理美食的特色。

这几样东西，估计都是鸡足山僧人自制的。乳酪就是乳扇，白族的著名美食，用牛乳与大理木瓜泡制的酸水制作而成，去大理旅游的人，都吃过街头小摊的烤乳扇。椒油大概率是花椒油，因为明末辣椒才传入中国。梅醋是用大理盛产的青梅，拌上白糖密封在容器里，时不时摇晃瓶子加速溶化，二十天左右即成。蔓油就是鸡枞油，是大旅行家最爱之物。"天风吹下珍珠伞，鸡足山头带雨归"，鸡足山也产鸡枞，僧人采之熬液为油，以代酱豉，用来招待他们的好友徐霞客。

乳酪香脆，椒油麻爽，梅醋开胃，鸡枞油侵溢喉舌，齿颊留香。"侵溢喉舌，齿颊留香"——凡是吃过的人，无不认可这八个字。

广东也出产鸡枞，因为长在荔枝树下的白蚁窝上，所以被称为"荔枝菌"，农历五月（夏至前后）最多，也叫夏至菌，尤其以广州增城所产的最为有名。在真菌分类学上，"荔枝菌"的主要类型为间型鸡枞（*Termitomyces intermedius*），这是一个新确定的种，在广东广州和河南信阳都有发现。清末民初，粤菜鼻祖江孔殷的太史菜独步岭南，其中鸡枞油也是江家的拿手菜。江太史的孙女江献珠所著的《钟鸣鼎食之家》中有一篇《从荔枝菌说起》，文中回忆道："清早采了菌，中午后方能送到广州。一抵达，家中顿时忙乱起来……宜放汤，宜快炒，既嫩滑又清甜……用大火炸香，连炸油一瓶瓶储存起来……菌油有幽香，拌面更是一绝。"

湖南、湖北等地则喜欢用寒菌（雁来蕈，即松乳菇）制作菌油，自清代雍正年间即有记载。湖南制作菌油的方法如下：选择未开伞的雁来蕈，洗净泥沙，在锅内倒入茶油炸干水分，然后加入少许桂皮和花椒，待菌子卷边时准备起锅，倒入预先放好辣椒和盐巴的瓶子，可储存数年。这样加工出来的菌子叫"茶油寒菌"，是馈赠之佳品。"茶油寒菌"也是毛主席的最爱，1953年曾将其作为生日贺礼赠送给齐白石先生。

04 古人这样吃菌

陆之蕈，水之莼，皆清虚妙物也。——李渔《闲情偶寄·饮馔部·蔬食第一》

人类食用野生菌的历史，贯穿了采集狩猎时代和农业种植养殖时代。我国人民吃菌的历史，已有六七千年。二十世纪七十年代，浙江余姚河姆渡遗址考古发掘出了与稻谷、酸枣等收集在一起的菌类遗存物，这说明河姆渡先民在发展农业种植及家畜养殖来获取食物及营养的同时，也把野生菌采集作为获取食物的手段之一。

在中国现存最早的文字记载中，古人吃菌有两种吃法。一种是入药治病，一种是食材入菜。

入药之菌，最有名的就是灵芝，古代道家方术之士喜欢服食灵芝，认为可以延年益寿，飞升成仙。《神农本草经》说灵芝"明目补肝，气安、精魂、仁恕；久食轻身不老，延年神仙"。灵芝被称为仙草、还阳草，古代很多修仙的人喜欢服用灵芝，以至于它几千年来成为一种文化符号。《白蛇传》里白娘子为救许仙而盗仙草，说的就是它。

古人对灵芝的崇拜，更多的是象征意义和心理作用。灵芝生长在高山深林，与空谷幽兰为伴，好像与仙人共处长居，沾了仙气；灵芝有股好闻的香气，而且久存不坏，似乎拥有不死之身，因此以形补形就成了古人选择灵芝的朴素逻辑。

1436年，云南人兰茂所作的《滇南本草》是第一部收录野生菌的药物学著作。他收录并记载了很多种常见的云南野生菌：灵芝、牛肝菌、白奶浆菌、青头菌、珊瑚菌、松菌（可能是松茸）、天花蕈、马蹄菌（木蹄层孔菌）等。其记载青头菌的药用方法如下："气味甘淡，微酸。无毒。主治眼目不明，能泻肝经之火，散热舒气。妇人气郁服之最良……食之宜以姜为使。"药材都要晒干后熬煮服用，估计青头菌也是如此，还要放几片姜作为药引子。

天花蕈（香杏丽蘑）是北方的著名菌子，很多诗文都有记载。它产于五台山，白色，形如松花而大，食之甚美。"气味甘，性平。无毒。色白味佳。主治补中益气，健脾宽中，亦治小儿五疳虫疾，食之可化。此菌晒干研末，敷恶疮可消，溃烂出头者，敷其疮边，自可痊愈。"因为古代食用菌子中毒而亡的事例很多，所以兰茂在介绍天花蕈的时候，特意强调了验毒的方法："凡煮菌者，入金银器同煮，不黑可食，黑者勿用。"还说用大蒜与菌同煮验毒的方法不对，得用姜，姜与菌子同煮，姜变黑则不可食用。当然，无论金、银器或者姜、蒜是否变黑，他的检验方法在今天已经证明都不可靠。

明朝一前一后两位药学家，关注的重点都是菌子入药，我猜测不是因为他们不知道这些菌子吃起来更美味，而是他们认为与满足口腹之欲相比，用菌子入药以治病救人、悬壶济世更重要。李时珍对野生菌的看法也主要是入药治病，比如他说鸡㙡"甘，平，无毒""益胃，清神，治痔"。不过，他也写了鸡㙡"点（泡）茶、烹肉皆宜，作羹甚美"，总算说了句实话，有点药食同源的意思了。生于云南滇中鸡㙡主产区的兰茂，却没有在自己的毕生力作中提及鸡㙡的药用价值，我想可能是因为他觉得鸡㙡没有明显的药用表现，在面对鸡㙡的时候，当个吃货足矣。

第一种走上中国人餐桌的菌子是虎掌菌，也就是《尔雅》中记载的"中馗菌"（馗厨）。将菌子当作食材详细记入菜谱的，是北魏高阳（今山东临淄）太守贾思勰。他所著的《齐民要术》是中国现存最早的一部完整农书，其中第八卷、第九卷记载了当时人们食用菌子的方法，这些食谱来自五世纪北魏初崔浩所作的《食经》（已失传）。贾思勰虽是太守，但从他深入田间地头，躬身尝试种植、养殖的经历来看，《齐民要术·素食》中记载的菌子菜谱，大概率他也会做。所以同样的事物，药学家看见的是药材，美食家看见的是食材。

　　"菰菌鱼羹"：鱼，方寸准。菌，汤沙中出，擘。先煮菌令沸，下鱼。又云：先下鱼与菌、茱、糁、葱、豉。又云：洗，不沙。肥肉亦可用，半奠之……菰菌，用地菌，黑里不中。——《齐民要术校释·卷八》

　　"菰菌鱼羹"的做法：鱼，选方寸大小的清理备好；沙土中所出菌子，洗去泥沙，切好。先下菌子煮沸，然后放鱼。鱼羹快好的时候也可以加入酸模、碎米、葱花及豆豉。也可以放入肥肉与之同煮。菌褶如果变黑，就不中用了。

　　缹菌法：菌，一名地鸡，口未开，内外全白者佳；其口开里黑者，臭不堪食。其多取欲经冬者，收取，盐汁洗去土，蒸令气馏，下着屋北阴干之。当时随食者，取即汤煠去腥气，擘破。先细切葱白，和麻油、苏亦好。熬令香；复多擘葱白，浑豉、盐、椒末，与菌俱下，缹之。宜肥羊肉；鸡、猪肉亦得。肉缹者，不须苏油。肉亦先熟煮，薄切，重重布之。——《齐民要术校释·卷九》

　　贾思勰文中所说的"菌"又叫地鸡，根据上下文判断，与"菰菌"指的都是同一种大型伞菌——鸡腿菇，幼时鲜美可食，但是开伞后菌褶变黑，臭不堪闻不能食用，这些都是鸡腿菇的典型特征。地菌与菰（茭白，如小儿手臂，又名菰手）扯上关系，是因为其菌柄肥白，颇像茭白，所以得名。明代李时珍将其记录为"鏖菰蕈"，俗名鸡腿鏖菰。食用鸡腿菇的时候需注意三天内不能饮酒，因为其所含鬼伞菌素会抑制人体对乙醇的分解从而导致乙醇聚集，让人产生中毒反应，效果和吃头孢类感冒药又饮酒一样。

　　缹菌法：缹（fǒu）即煮。将地鸡菌用盐水洗干净，隔水蒸，然

155

毛头鬼伞（鸡腿菇、地鸡）

后放在屋子里阴干。要吃的时候，汤煠（zhá）一下，去除腥气，再切片。不放作料在清水或油里煎煮，谓之"煠"，汤煠依然是今天南方菜的常用手法。放胡麻油或苏籽油，葱白切细，用一半下锅煎出香味，然后放菌子和剩下的葱白，加豆豉、盐、花椒面等，一同煮熟。这种方法，叫素焦法。如果把煮熟的肥羊、鸡肉或猪肉切成薄片层层铺在菌子上，则是肉焦法。肉焦法无须放苏籽油。其中所用的椒末，大概率是花椒。因为花椒原产中国，各地广泛种植，用于调料很常见。胡椒在汉代因张骞出使西域传入中国，但只适合在亚热带地区种植，直到唐朝都是奢侈品，明朝以后才广泛种植。

作木耳菹法：取枣、桑、榆、柳树，边生尤软湿者，煮五沸去腥汁出，置冷水中净洮。又着酢（同醋）浆水中洗，出细缕切讫，胡荽、葱白下豉汁、浆清及酢，调和适口。下姜椒

末，甚滑美。胡荽、葱白少着，取香而已。——《齐民要术校释·卷九》

菹（zū）指腌菜。将枣树、桑树、榆树或柳树上长的软嫩木耳摘回来，煮五次去腥，用冷水淘洗干净，再用酸浆水洗一遍。"酢浆"是熟淀粉的稀薄悬浊液，经过适当的发酵会产生乳酸，有酸味也有香气，古代作为清凉饮料。木耳切丝，少许芫荽（香菜）、葱白切细，与豉汁、淡酱和醋一起拌匀，再放点姜末，吃起来口感又滑又美。芫荽和葱白不要太多，取其香味即可。

《齐民要术》保留了五世纪前后中国人关于鸡腿菇和木耳的食用记录，今天人工种植的鸡腿菇和木耳都已量产化，超市可以买到。按照《齐民要术》记录的这几个菜谱，我们完全可以复原一千五百年前黄河下游地区人们吃菌子的方法。有心人可以一试。

相比前朝，宋朝是一个饮食文化相当发达的朝代。《清明上河图》以长卷描绘了北宋东京汴梁一百余栋楼宇房屋，其中可以确认经营餐饮业的店铺有四五十栋，接近一半。成书于1127年，孟元老所著的《东京梦华录》也提到了东京汴梁的一百多家店铺，其中酒楼和各种饮食店占了半数以上。南宋末人吴自牧所著的笔记《梦粱录》记录了南宋都城临安（杭州）"处处各有茶坊、酒肆、面店、果子、油酱、食米、下饭鱼肉、鲞腊等铺"。除了笔记体著作，宋代还出现了关于饮食的专著，知名的有宋徽宗的《大观茶论》、美食家林洪所著的《山家清供》，以及陈仁玉的《菌谱》。饮食专著的出现，一定以饮食的发达为前提。

这就不难理解为什么苏轼这样的美食家出现在宋朝，而不是更早的时期。物产的丰饶加上商业的发达，才能催生美食家。史学家陈寅恪已有结论，"华夏民族之文化，历数千载之演进，造极于赵宋之世"，饮食文化也不例外。

林洪是个妙而有趣的人。他的《山家清供》以诗记菜、以菜入诗，为我们保留了宋人令人神往的饮食日常和审美风尚。《山家清供》专门记载了三道和菌子有关的宋代美味：酒煮玉蕈、山家三脆和胜肉馔。

酒煮玉蕈：鲜蕈净洗，约水煮。少熟，乃以好酒煮。或佐以临漳绿竹笋，尤佳……今后苑多用酥炙，其风味尤不浅也。

新鲜菌子洗净，放适量的水煮。稍熟一些，再加入好酒（此处的酒应该是醴，也就是白居易诗中的"绿蚁新醅酒"，指一种糯米酿的米酒）。也可以搭配临漳（今隶属河北邯郸）的绿竹笋，味道尤美。今皇宫后苑多用酥油炙烤，风味也不错。

山家三脆：嫩笋、小蕈、枸杞头，入盐汤焯熟，同香熟油、胡椒、盐各少许，酱油、滴醋拌食。赵竹溪（密夫）酷嗜此。或作汤饼以奉亲，名"三脆面"。尝有诗云："笋蕈初萌杞采纤，燃松自煮供亲严。人间玉食何曾鄙，自是山林滋味甜。"

嫩笋、小野蕈和枸杞苗，放盐，开水焯熟，加熟香油、胡椒、盐各少许，酱油、滴醋拌着吃。赵竹溪（宋太祖四弟的后裔）特别喜欢这道菜。有时他会做汤面给父母吃，叫"三脆面"。

胜肉馔：焯笋、蕈。同截，入松子、胡桃，和以油、酱、香料，搜面作馔子。试蕈之法：姜数片同煮，色不变，可食矣。

笋、蕈用开水焯好，切碎，放松子、核桃，加香油、酱、香料和在一起，和面做馅饼。验蕈之法：放姜同煮，颜色不变就可以吃。

到了元代，出现了中国比较重要的营养学专著《饮膳正要》，其作者是元朝宫廷饮膳太医忽思慧。《饮膳正要·卷一》记载了一道宫廷饮食——天花蕈包子，具体做法如下：羊肉、羊脂、羊尾子，葱、陈皮、生姜各切细，天花滚水烫熟洗净切细……入料物盐、酱拌馅，白面做薄皮，蒸。这道膳食，光看菜谱就能闻到浓郁的草原风味。

南宋林洪推崇的清供，是山野人家的简雅素食。酒煮玉蕈是一道羹，山家三脆既可以单吃，也可以做成面条的浇头，胜肉铗则是一道馅饼。这种生活美学，到了明清之际的大名人李渔这儿，更有理论高度。他也爱吃菌，并且给出了十足的理由："吾谓饮食之道，脍不如肉，肉不如蔬，亦以其渐近自然也。"李渔有多重身份：家庭戏班班主、畅销书作家、书画出版商（著名如《芥子园画谱》）、诗人、戏曲家、文学评论家，当然更是生活家和美食家，一部《闲情偶寄》奠定了他的文化历史地位。

李渔把菌子（蕈）视为植物类的蔬菜，这是不准确的。他认为菌子渐近自然，所以比肉好。他将菌子列于《闲情偶寄》饮馔部蔬食单的第二，紧挨在其挚爱的竹笋之后。他认为，至鲜至美之物，除了笋，就是蕈（菌子）。菌子无根无蒂，乃山川草木之气结而成形，吃起来无渣无滓，犹如吸收了山川草木之灵气，于人大有裨益。李渔的菌子饮食之道在今天听起来虽然有点玄虚，但是细细品味，也不是毫无道理。现代药用真菌学研究表明，野生菌不但营养美味，而且某些提取物可以抑制肿瘤，增强免疫力。这是否就是他所说的山川草木之灵气？

稍晚一些的另一位清代大诗人兼美食家——杭州人袁枚，在《随园食单》中记录了六道涉及菌子（蘑菇）的菜谱——

蘑菇煨鸡：鸡肉一斤，甜酒一斤，盐三钱，冰糖四钱。蘑菇用新鲜不霉者，文火煨两枝线香为度，不可用水。先煨鸡八分熟，再下蘑菇。

蘑菇：蘑菇不止作汤，炒食亦佳。但口蘑最易藏沙，更易受霉，须藏之得法，制之得宜。鸡腿蘑便易收拾，亦复讨好。

松菌：松菌加口蘑炒最佳，或单用秋油泡食亦妙，惟不便久留耳。置各菜中，俱能助鲜。可入燕窝作底垫，以其嫩也。

煨木耳香蕈：扬州定慧庵僧，能将木耳煨二分厚，香蕈煨三分厚。先取蘑菇熬汁为卤。

炒鸡腿蘑菇：芜湖大庵和尚，洗净鸡腿，蘑菇去沙，加秋油、酒炒熟，盛盘宴客，甚佳。

小松菌：将清酱同松菌入锅滚熟，收起，加麻油入罐中。可食二日，久则味变。

袁枚记录的菜谱，已经接近现代白话，所用的食材也较为常见。他的著作里较多使用"蘑菇"这个称谓来专指口蘑，证明来自游牧地区的菌子食材干货，已经大量流通到了江南地区。袁枚《随园食单》影响巨大，现在很多美食博主或大厨，都喜欢试验《随园食单》里的菜谱。

不过，李渔和袁枚都没有留下食用云贵菌子，尤其是鸡枞的只言片语。这个机会，留给了与贵州有关的两个人。一个是清初的"烟波钓徒"查慎行，他是金庸的先祖，年轻时在贵州做过幕僚，因此有机会吃到鸡枞。他的《瑶华慢·赋鸡枞》一词，写厨娘仔细处理鸡枞："厨娘好瀹（yuè），触纤指，微防轻损。"另一位是贵州人、晚清重臣张之洞，他专门写了一篇《鸡枞菌赋》，写自己采了鸡枞回家，有佳人给做饭："采满筠篮归去也，有人厨下倩调羹""香菌号鸡枞，托根依芳草"。

菌子虽好吃，洗不干净就废了。如何清洗菌子，尤其是"肌分理细，脆于瑶柱，嫩于玉笋"的鸡枞，古人也很讲究。查慎行说"厨娘好瀹，触纤指"，张之洞说"有人厨下倩调羹"，总之要讲究人、细致人才行，两位作者把清洗鸡枞做晚饭写出了红袖添香夜读书的感觉。清朝苏州人吴林的《吴蕈谱》规定得更详细，"凡洗蕈必须逐个轻手拈取，掐（掏）去泥沙，贮净器中，浮于水上拭去沙土，不可舀水乱冲，致沙入褶内，莫之能出"，还特意强调"粗人勿令为此"。

吴林还记录了当时苏州地区炒菌子的方法，"幽人韵士拾得佳菌，捡去宿（老）者，香油炒透，和以盐、醯（xī，即醋）、姜屑，再煮极熟（供食）"，字里行间仿佛已经透着香气。

05   当菌子遇上火锅

中国台湾作家任祥在《传家》里，给火锅留了很大篇幅，认为它有家的味道，仿佛吃火锅就是团聚。但在我的记忆中，火锅总是和山野有关。小学时组织班级春游，我们总是背一口铜炊锅（和老北京的铜锅差不多），背上米、菜、肉，以及调味料，一路走一路唱着歌，去家乡县城最大的水库边，埋锅造饭，像古人行军打仗那样。

后来到了北京，去餐馆吃火锅成为常态；在家里虽然也试过电火锅，但总不过瘾，没有小时候的感觉。于是我买了一口老北京铜锅，又买了木炭。每当下雪天，就支起来。在家里吃铜锅涮肉，最应景的还是白居易这首："绿蚁新醅酒，红泥小火炉。晚来天欲雪，能饮一杯无？"绿蚁新醅酒，指的是没有过滤的新酒（类似今天湖北的浮子酒），漂着浮沫，像绿色的小蚂蚁。炉内炭黑火红灰似雪，窗外大雪纷飞，屋里温暖如春。于是喝上一杯，火锅就酒，越喝越有。

中国人吃火锅的历史，和华夏文明一样久远。1989年，南京市高淳县固城镇的朝墩头考古遗址，出土了一件四足双层方陶鼎，距今四千多年。陶鼎锅、炉一体，下层烧火，上层煮物。这是中国火锅历史的物证。先人们制作生活陶器的时候，没有理由不做一口吃火锅的陶鼎。陶土遇上水和成泥，然后又遇到了火，将文明和文化保留了下来。

火锅历史的词证，则要留给大文豪及美食家苏轼，他的《仇池笔记》中有这么一条记录："罗浮颖老（人名，苏轼的朋友）取凡饮食杂烹之，名'骨董羹'。""骨董羹"是北宋时火锅的称谓，得名于食物投入汤锅中发出的"咕咚"声。"罗浮山下四时春，卢橘杨梅次第新"，苏轼在那里不仅日啖荔枝三百颗，"骨董羹"估计也吃了不少。罗浮山在广东惠州，可见南方打边炉火锅古已有之。

苏轼之后，关于火锅更详细的记载，和一只兔子有关。南宋林洪所著的《山家清供》里记载，林洪曾游览武夷山六曲，拜访止止师。遇天大雪，有只兔子可能撞树上了，被他逮到。他见到止止师的时候，拎着兔子，却愁没有厨师。止止师说，莫慌，山里有山里的吃法——兔肉切成薄片，用酒、酱、椒料腌起来。把风炉点上，煮半锅水，等水烧开大约一杯酒的时间，一人分一双筷子，自己夹兔肉往锅里涮，熟了就可以吃啦。凭个人喜好，蘸酱吃。林洪依照此法，发现不仅上手简单，吃起来又热闹又暖身。他还作了两句诗，形容锅里水开，浪滚如晴雪；兔肉色如晚霞，在筷子间如风翻动。

"浪涌晴江雪，风翻晚照霞。"因为这两句诗，他给火锅起名"拨霞供"，如此诗意的名字可惜没有广为传布。林洪在《山家清供》里记录了二十三道菜，对应二十三首诗，还详细考证，亲自试制，所以说他是个妙人。"拨霞供"关于兔肉涮锅的记载，是中国火锅历史和饮食文化的一条有力证据。今天南北方火锅的吃法，和那时候相比，没有太多不同。

自古以来，上至宫廷，下至民间，达官贵人、贩夫走卒，莫不热爱火锅。加之中国地域广阔，食材多元，饮食文化源远流长，所以火锅流派众多。游牧文明、农耕文明、渔猎文明的交融，诞生了很多种火锅的吃法：北方的铜锅涮肉，四川的麻辣火锅，粤港的打边炉火锅，云贵的酸汤猪脚、菌汤锅等有料锅底火锅。火锅对厨师的依赖度极低，加之火锅食材及酱料生产供应的标准化，保证了食客能享受到一致的口味。伴随着人口的流动，火锅跨越了地域限制，成为中国餐饮行业最大的门类。然而，在我看来，小众的菌子火锅才是火锅极品。

我第一次吃菌子火锅是在楚雄武定县罗婺彝寨。北京有一段时间比较火的云南菌汤火锅，其实是偷换概念：几片菌子煮了一锅汤，主角却是其他食材。真正的菌子火锅，只有菌子，也只需要菌子。

武定罗婺是昆明周边菌子交易和餐饮的集中地之一，虽然隶属楚雄，但离昆明更近，每年菌子季，都有很多昆明人下班后或周末驱车前往大快朵颐。

相比菌子，武定有两个更有名的东西：一个是武定狮子山，相传明代建文帝朱允炆败于朱棣之后在此出家为僧；另一个是武定壮鸡，汪曾祺在《昆明的吃食》中说汽锅鸡要好吃，得用一种食材："不是一般的鸡，是'武定壮鸡'。'壮'不只是肥壮而已，这是经过一种特殊的技术处理的鸡。据说是把母鸡骗了。"

那次没有吃到武定壮鸡做的汽锅鸡，但是吃到了菌子火锅。在武定吃菌子火锅，第一个感觉是鲜——可能当天早上乡民采的菌子，下午就到店里了，因为鲜，所以香气四溢。第二是实在，各种各样的菌子，牛肝菌、青头菌、红菇、鸡油菌、铜绿菌、鲜竹荪等，量大而实惠。鸡枞、松茸、云彩菌涮火锅有点屈才，一般单独成菜。

菌子火锅所用的锅也有讲究，一般都是陶质或者石质，最好用云南建水古城所产的紫陶，和汽锅鸡所用的锅是一个产地。锅底是

云南菌子火锅

鸡汤，而且必须是当地产的土鸡，长到两三岁最好，炖上三小时才成。如果是武定壮鸡，那就再好不过了。牛肝菌家族的见手青（水红、红、黑、黄、粉）几种，需要煮透以免"放电影"，所以放在下面多煮会儿，其他的依次而下，煮上二十分钟左右，就可以动筷子了。

这是一场菌子与水、火、土的相遇。不一会儿，山林的馈赠、乡人的辛勤，在火与油的翻滚间，变成了一桌鲜香四溢的珍馐美味。一人一碗，开始喝汤。菌子富含氨基酸，所以菌汤鲜美无比。如果觉得味道不够，还有蘸水——糊辣椒、豆腐乳、薄荷或折耳根，加上酱油调制而成。我始终觉得蘸水是云南菜的灵魂所在，但我吃菌子火锅，不用蘸水也够味。

在拥趸众多的火锅面前，清代大美食家袁枚是个另类，他不是十分喜爱火锅："冬日宴客，惯用火锅，对客喧腾，已属可厌；且各菜之味，有一定火候，宜文宜武，宜撤宜添，瞬息难差。今一例以火逼之，其味尚可问哉？"除了讨厌吵闹喧腾，他不喜欢火锅的另一个理由，是各种食材经火锅一涮，完全吃不出火候的差别，更不用说食材本来的味道。《随园食单》中的"戒单"，把火锅列了进去。虽然没法反驳，因为他说的的确有其理，但是我敢说，他是没吃过菌子火锅。因为菌子火锅，不但保留了食材的本味，而且根本不喧腾——因为你都没时间说话。动手慢的，菌汤都没了。

黄庭坚《次韵子瞻春菜》所言"白鹅截掌鳖解甲"、杨万里《蕈子》诗所赞"香留齿牙麝莫及"，都应该留给菌子火锅。

06 家宴的味道

　　李安的《饮食男女》电影开始，爸爸一大早起来，在一曲《爸爸的厨房》（*Pa's Kitchen*）的音乐伴奏中，收拾鱼，收拾鸭，蒸煮烧烤，花样迭出。长长的镜头结束，一桌子菜摆上，家人们回家。这是我脑海中关于家宴的最经典印象。

　　2009年，我在酒仙桥上班，和大学同学一起在学校附近租房，下班后和周末，我们经常做饭。那年冬天，我们两个北漂请了一屋子人来吃饭，想想也是不易——那是我第一次做这么多人吃的饭，是算不上家宴的一次家宴。一群人能吃到一起，也算是意气相投。大学毕业后的前几年一直租房子，都是自己做饭带到公司吃。几年之后，我在北京结婚、买房，当初不敢想的事情都有了结果；厨房和客厅，也稍微像些样子。

　　在我的手机记事本里，有几条家宴的菜单备忘录，时间跨度自2016年10月至2019年9月：

2016年10月1日家庭聚会菜单（10人）
辣椒炒鸡枞 / 素炒松茸 / 干巴菌炒肉
木瓜炖鸡 / 杭椒炒五花肉 / 西红柿炖牛腩 / 煎秋刀鱼
炝炒油麦菜 / 西红柿炒鸡蛋 / 蘸水苦菜汤 / 凉拌秋葵 / 酸菜炒剁椒

2017年9月2日家宴菜单（12人）
松茸炖鸡 / 香煎松茸 / 松茸刺身 / 爆炒牛肝菌 / 黑松露刺身 /

清烧鸡枞

水煮羊肉 / 杭椒炒五花肉 / 蒸麻辣香肠

牛油果蔬菜沙拉 / 凉拌芦笋 / 鸡油炒红皮土豆 / 西红柿炒鸡蛋 / 炝炒油麦菜

2018年8月5日家宴菜单（9人）

松茸炖鸡 / 松茸意大利火腿刺身 / 香煎松茸 / 清烧鸡枞

红烧肉 / 杭椒炒五花肉 / 可乐鸡翅

香煎豆腐 / 凉拌海带丝 / 西红柿炒鸡蛋 / 家常时蔬 / 木耳拌穿心莲

2019年9月14日家宴菜单（8人）

西班牙伊比利亚火腿配松茸 / 火腿烧鸡枞 / 香炒云南虎掌菌

云南板栗炖排骨 / 苏南百合炒湘西腊肉 / 清蒸大闸蟹 / 香煎大虾 / 辣白菜炒五花肉

清炒水芹 / 蒸南瓜 / 法式蒸洋蓟 / 油焖秋笋

桂花香女儿红 / 意大利柠檬酒 / 自制杨梅酒 / 自制草莓酒

2016年9月，我搬入新居，有了一个不错的厨房，可以大张旗鼓地做饭了。当年国庆假期，我请亲戚朋友在家里吃了一顿菌子宴。

每年暑假到中秋，都是云南菌子上市的时节。夏日的惊雷过去，雨季来临，山林间、泥土里的精灵都冒了出来。2016年8月下旬，是老家大爹（大伯）的生日，我专程回去了一趟。高中毕业十多年之后再次上山，过了一回采菌子的瘾，还好小时候的菌子都认识我。我突然发现，关于菌子的无数知识，早就深深地刻在了我的脑子里。返京之后，我就谋划着能不能从老家买些菌子来，给北京的亲戚朋友们尝尝。

"请客就是对一个人在您家屋顶下的所有时光负责。"我很认可法国著名美食家布里亚-萨瓦兰的这句名言，所以准备工作很关键。确定了"十一"家宴的时间之后，我提前两天打电话告诉我妈，让她帮忙买菌子。我妈一早就去了附近的菌子批发市场，问好价格，给我拍了照片发过来：这是干巴菌，这是松茸，这是鸡枞，这是红牛肝菌，这是白牛肝菌，这是黑牛肝菌，还有青头菌，还有铜绿菌，都要吗？这个时代的幸运之处，是互联网消除了时空的距离。感谢现代冷链物流的发达，数千里外的生鲜食材，可以朝发夕至。

2017年暑假的菌子季，我没来得及回老家。这一次家宴的客人是大学的同学和师友。照例是提前请我妈到昆明木水花菌子市场买了菌子，加上冰箱里存储的黑松露和干巴菌，已经足够准备十二人的聚餐了。十二位来客，家里还能坐得下。大学的胡老师住得远，本来有些犹豫，但是看了我发的家宴菜单也豁出去了。2017年9月的菌子家宴，我后来记录了一些片段——

当天晚上，我把冰箱里的羊肉和土鸡都拿了出来。第二天一大早，七点多我就醒了，可能心里有客睡不着。到厨房一看，羊肉和整只鸡已解冻。系上围裙，烧了一锅水，把羊肉焯好，放上花椒大料，小火炖起来。公鸡肉不太老，切成块，也焯水，炖上。收拾完，一看表九点多了。炖两小时应该差不多。

十点多，估摸第一拨客人快到的时候，我下楼到蔬菜店买了白萝卜和一斤杭椒。白萝卜炖羊肉，杭椒炒五花肉。刚买完进小区，第一拨客人就到了。我们上楼，羊肉和鸡肉已经炖得差不多了。白萝卜切好，放进羊肉锅；松茸切好，放进鸡汤。

陆续有客人来，已经十二点多了。我把自己关进厨房，一看菜单还有八个热菜没炒。香肠切好，先蒸上。芦笋焯好，炸好辣椒油，浇上海鲜酱油，撒上海盐，也很快。客人们也没闲着，一人帮我弄好牛油果蔬菜沙拉。云南红皮土豆洗好，也先煮上。二十分钟后捞起，几个人一起扒了皮端进来，一人帮我切好，鸡油块下锅，热油干辣椒，三五下也可出锅。杭椒五花肉，清烧鸡枞，爆炒牛肝菌。只有最后两个素菜了。

一点钟左右，所有菜终于上齐。良辰美酒，佳朋满座。大家照例拍完照，红酒、香槟、梅子酒，各自都满上。我的功德已经圆满，吃的事情交给大家。

这些菜单，第一行无一例外是鸡枞、松茸、干巴菌、牛肝菌、虎掌菌、黑松露之类。鸡枞的做法，要么炒，要么和火腿片烧汤。松茸有切片生吃、香煎、炖鸡汤的吃法。干巴菌、牛肝菌、虎掌菌几类主要是炒。之所以是这几类，是因为它们在包装和空运的过程中不容易坏，其他菌褶类的菌子不耐长途运输，尤其青头菌特别容易坏。欧洲之旅带回来的西班牙火腿和意大利火腿，成为松茸和黑松露切片的绝佳搭配。菜单第二行是荤菜，第三行是素菜，有时还有佐餐酒。

北京的菌子宴持续了四年，几乎是每年中秋和国庆的保留节目，直到2020年疫情来临。几年过去了，偶尔翻出这些家宴的菜单，当时的情景，洗菜、炒菜、吃饭的人，欢声笑语一幕幕重现。菌子无疑是这些场景的点睛之笔。吃什么很重要，和谁一起吃也很重要，因为有回忆，所以未来在过去之中。这几年菌子季的聚会，是在云南老家和家人一起，不用快递，直接上山，现采现吃。在老家吃菌子宴，是另一种熟悉的味道。

2022年9月12日家宴菜单（8人）

宣威火腿炒干巴菌 / 火腿烧鸡枞汤 / 独朵牛皮鸡枞刺身

爆炒红见手 / 腊肉炒北京肉蘑

鸡头黄精炖排骨 / 啤酒烤鸭 / 云南腐乳炒空心菜

干巴菌炒饭 / 云腿月饼 / 白酒

2022年的菌子家宴，离上一回已经整整三年。这次的不同在于，除了鸡枞、红见手青、云彩菌（干巴菌）三位来自老家的顶流，席上出现了北京本地的蘑菇——前一天我们去山上采的肉蘑，中文正式名血红铆钉菇。肉蘑炒熟之后，口感香滑，带一丝甜味。用干巴菌炒饭是我临时起意，因为它金贵，炒不起来量，所以用来做炒饭，是个妙选。干巴菌炒饭是昆明饭馆的流量担当。菌子季节，走在昆明的路上，尤其是餐饮业较发达的区域，你会不时被沁入脾胃的香味所吸引。那一定是干巴菌炒饭的味道。极具穿透力的香味调动着你的味蕾，告诉你该走进某一家饭馆了。为什么是干巴菌炒饭？干巴菌奇贵，单炒一盘卖，价格太高；用来炒饭，经济实惠又好吃，顾客没理由不进来。

"与其他场合比，餐桌旁的时光最为有趣。"布里亚-萨瓦兰在他的传世名作《厨房里的哲学家》中写道。对我来说，有菌子的餐桌时光才是最有趣的，尤其是用自己采的菌子做了一大桌菜，大家吃得津津有味的时候。

吃的时候令人忘忧，吃过之后令人回味。最令人羡慕的菌子家

宴，要数张大千的"大风堂酒席"了。世人皆知张大千是国画大师，却少有人知道他也是美食艺术的大师。他不但喜欢吃菌子，还喜欢在家中用菌子招待朋友。他每次以家宴招待朋友，都会把菜单写下来，送给朋友留念。这些菜单竟也成了艺术品，其中《宴李子章等菜单两份》于2014年在苏富比拍卖行以62.5万港元成交，折合50万元人民币。在这两份家宴的菜单上，可以看到"口蘑鸡跖"和"松茸脊柳"两道菜，很可能是张大千亲自下厨的拿手菜。

张大千有很多以菌子为题材的画作，其中一幅题诗道："南诏鸡葼北口蘑，三川平把许同科，新来口腹为灾怪，又被松茸诱梦多。"看得出来，这幅画和这首诗是怀念菌子的，吃不到菌子的时候，他只能做做梦，聊慰馋肠。南诏鸡葼就是云南的鸡枞，北口蘑自然是指来自张家口的草原蘑菇。他是四川人，鸡枞和松茸在川滇边界也有出产，所以他很熟悉。口蘑也是他熟悉的——抗战时期，他在甘肃敦煌临摹壁画的时候采过口蘑，离开敦煌的时候，他画了一张地图交给朋友，标注清楚自己采口蘑的地点、路线及时间，把他的朋友高兴坏了。

布里亚-萨瓦兰有一句我很喜欢的话："告诉我你吃什么样的食物，我就知道你是什么样的人。"这句话后来演变成一句著名的西方谚语：You are what you eat（人如其食）。我始终觉得，了解一个人吃什么、怎么吃，以及吃的场合，是走近一个人的最佳途径。这是我读苏东坡那些美食诗文的方法。对于绘画大师张大千的世界，我发现吃也是一个很好的进入角度。他说"以艺事而论，我善烹饪，更在画艺之上"。他那些用菌子点缀的家宴，用徐悲鸿的话说，是"夜以继日，令失我忧"，如今已成为绝响的传奇。

吃得久一点

作羹不可疏一日，作腊仍堪贮盈笈。——杨万里《蕈子》

虽然说不时不食是一种讲究，但是将美味保存得更久，是长久以来人们的执念。古代人留住菌子美味的方式，总结起来大概包括以下几种：晒干、蒸熟后密封、油炸做成菌子油、盐渍或腌制。

宋末陈仁玉《菌谱》介绍合蕈（香菇）时说："数十年既充包贡，山獠得善贾，率曝干以售，罕获生致。"合蕈数十年来一直是皇家贡品，身价自然不一般，采到了就意味着好价钱，因此都是晒干等上市拿去卖，很少见到鲜货。

干香蕈

新鲜的菌子最好吃，天天吃都不会厌。吃不完的菌子，也有办法，那就是晒成菌子干储存起来，南宋人杨万里称之为"作腊"。新鲜的菌子晒成干货，可以保存的时间更长。明代《永昌府志》说鸡㙇"土人盐而脯之，经年可食"，就是这类智慧的经典体现。山上采下来的菌子，除去大部分杂物和泥土，切成薄片，放在太阳底下暴晒即可。切记不能

市场上的各种干菌子

用水洗，否则菌子不但晒不干，还会烂掉。人们通常会把吃不了的菌子，或者品质稍逊的菌子——包括大部分不易储存和运输的伞菌，以及长得太老的牛肝菌之类，做成干菌子冬天吃，可以一直吃到来年菌子季节到来之前。

晒制或烘烤的干菌子，吃的时候用水一泡，然后多淘洗几遍，洗去泥沙和杂质，沥水备用。锅里放油，或者切几片腊肉，煸出油脂之后放入干辣椒，再放入切好的青辣椒段，炒出香味后放入菌子，炒熟就可以出锅装盘了。新鲜的菌子容易破碎，吃起来滑滑的，晒干后的菌子却不怕揉搓，吃起来香而柔韧。干菌子也可以用来煲汤，福建地区的人就喜欢在炖肉的时候加入几朵红菇干，不但汤色红润，而且味道鲜甜。

另一种延长美味的办法是将菌子蒸熟之后密封。陈仁玉的《菌谱》接着说："稠膏蕈（金针菇）……或欲致远，则复汤蒸熟，贮之瓶罂。"这个办法也不复杂，将洗干净的菌子隔水蒸熟，装在瓶罂里，就可以带着出远门了。瓶罂是古代常见的容器，小口大腹，便于保鲜。明代徐霞客在云南保山的时候，他的朋友禹锡也用了同样的方法，为即将远足的他加工保存美味的鸡𩾃："买鸡𩔖六斤。湿甚，禹锡为再蒸之，缝袋以贮焉。"

《吴蕈谱》的作者吴林，不但自己拾菌子，也很会吃菌子。他说："松蕈（铜绿菌），汤煤、火熏，藏为珍品，亦可致远。"汤煤的效果，大概类似于陈仁玉所说的隔水蒸；火熏则类似于晒干或烤干。他介绍的松蕈长期保存法，也适用于其他菌子。

还有一种方法，在我看来堪称伟大的发明，那就是油炸菌子，其文字记载的历史可以追溯到北宋甚至更早的五代时期。这个方法的诀窍，在于用高温油脂去除鲜菌子的水分，同时激发菌子的香味物质。油炸菌子耗时比较久，通常要花一两个小时。炸到七成干的时候关火，放置一两个小时待菌油冷却后，就可以装瓶或装罐，放起来慢慢吃，堪称拌面下饭神器，也可以作为馈赠的佳品。

"天台所出桐蕈，味极珍，然致远必渍以麻油"，南宋周密所著《癸辛杂识》中关于香蕈的这段话，是古代用香油保存菌子最早的明确记载。但是他没有说明，是用麻油炸干香蕈再保存，还是仅仅用麻油浸泡。但我猜测，炸干以后再用油浸泡比较合乎生活常识。

《永昌府志》明确记载了明代保山人保存鸡枞的做法："土人盐而脯之，经年可食；若熬液为油，以代酱豉，其味尤佳。"鲜美的鸡枞无论是用盐腌制后晒干，还是用油炸做成酱，都是对美味的保存和延续，是对美好时光的念想。鸡枞经油炸后用油浸泡，可以长期贮藏，放上半年问题不大。除了鸡枞，所有菌子都可以做成菌子油，其实这就是今天云南人炸菌子油的日常做法。熬液为油的时候，鸡枞通常自立门派，不会与别的菌子掺杂在一起。

红汁乳菇（铜绿菌）

云南人还喜欢腌菌子，尤其楚雄和普洱地区。加工腌菌子所用的材料，和制作干菌子差不多，都是品质稍逊而产量很大的一类，比如奶浆菌、谷熟菌、珊瑚菌和马勃类。菌子清洗干净，然后用热水焯熟，捞出沥水晾至半干，加入盐、辣椒面、花椒、茴香籽和蒜瓣，搅拌均匀再用手揉搓，然后装瓶密封，一般需要腌制三个月。如果开瓶后，吃起来香辣酸爽又不失菌子的香味，就算大功告成了。佐餐下饭，简直不要太美味。腌菌子可以炒肉、炒菜、炖汤、煮火锅，怎么做都好吃。尤其需要注意的是，制作腌菌子的全过程都要避免触碰猪油，否则就前功尽弃了。

冰箱发明之后，云南人保存菌子的选择又多了一个。吃不了的菌子，洗净之后焯熟，用保鲜袋分装好，放在冰箱的冷冻层。什么时候想吃了就拿出来，化冻后，怎么做都可以，做法亦如新鲜菌子。

不独中国人，热爱蘑菇的斯拉夫民族，也善于用各种方法保存蘑菇这样的山野美味，包括晒干、用盐水泡和腌制。"大量新鲜的蘑菇在夏季被带到集市并被立即买走。其中较好的种类被贵族买走，较差的种类被下层阶级和农民买走，剩余的大量蘑菇被乡下的农民保存起来，他们在留够自己食用的数量后，将剩余的蘑菇带到城里。它们在整年中都以干燥的状态穿在一起，一车一车地运来，在所有的供应市场……和城市的所有小杂货店里出售。有时甚至可以买到盐渍和腌制的蘑菇。"这是《蘑菇、俄国及历史》第二章中介绍的十九世纪初期俄罗斯人所用的方法。腌蘑菇是俄罗斯人菜单上常见的美食，托尔斯泰的巨著《安娜·卡列尼娜》中就有很多采蘑菇和腌蘑菇的描写，为小说增添了浓浓的生活气息。

无论哪个民族，留住菌子鲜美味道的意愿都是如此强烈，以至于他们尝试了能想到的各种方法，最后居然想到一块去了。

北方常见的松蘑／黏团子（点柄乳牛肝菌）和肉蘑（血红铆钉菇），有时候捡得多一时吃不完，通常都是晒干或者焯水冷冻保存。挑选品相较好、虫蛀较少的松蘑，将根部的泥土和松针去除，揭掉菌盖的黏膜（导致拉肚子的部分），不用水洗，切成薄片，在太阳底下暴晒两天即可成干。晒干的松蘑与新鲜时相比，更有一股独特的香味。肉蘑的处理更简单，去除根部及菌盖的泥土和树叶，也不用水洗，用手撕成条状，也是晒两天，就可以收藏密封保存。除了晒成菌干，松蘑和肉蘑处理干净之后，用水清洗一下切成薄片，焯水之后沥干水分，装袋冰冻保存，吃的时候解冻，可炒可煮，又别是一种风味。

08 牛肝菌与见手青

> 牛肝菌下来的时候，家家饭馆卖炒牛肝菌，连西南联大食堂的桌子上都可以有一碗。——汪曾祺《昆明的雨》

虽然鸡㙡贵为云南菌中之王，但牛肝菌才是多数时候云南人心头的最爱，就连二十世纪四十年代西南联大食堂的桌子上都可以有一碗。在云南野生菌大家族中，牛肝菌是最大的品类，在全世界多达三百余种。在云南各地的菌子交易市场，牛肝菌也是主力，最常见的包括白香菌（白牛肝菌）、红葱（兰茂牛肝菌）、黄癞头（皱盖牛肝菌）、白葱（玫黄黄肉牛肝菌）、黑过（茶褐新牛肝菌）几种。

玫黄黄肉牛肝菌

白牛肝菌在云南的地位不高。长期以来，云南白牛肝菌被认为和欧洲美味牛肝菌是同一种。经过杨祝良等中国菌物学家多年的研究，2017年，白牛肝菌终于被确定是不同物种，获得正名 *Boletus bainiugan* Dentinger。在欧洲，最负盛名的是白牛肝菌的近缘种——美味牛肝菌，它是意大利人眼中的菌中之王。法国人称之为波尔多牛肝菌（Cepes de Bordeaux），在当地也极受欢迎。俄罗斯人则将美味牛肝菌称为White Mushrooms（*belye griby*），即白蘑菇，除了其菌肉是白色的，还因为

皱盖牛肝菌

美味牛肝菌（常见于欧美，中国东北部亦有分布）

铜色牛肝菌

在俄语中，白色代表卓越。与美味牛肝菌外观和口感都非常类似的铜色牛肝菌（*Boletus aereus*）在俄罗斯和意大利也很受欢迎，其拉丁名中的"aereus"意为"黄铜"，指其色若铜。除了颜色，铜色牛肝菌的显著特征是菌盖呈现精细的绒质表面。

云南人最爱的牛肝菌是见手青，它总与"小人儿国"幻视形影不离。云南的见手青有二十多种，是牛肝菌大家族里比较独特的一类。它的颜色多样，艳丽多姿：红色、粉色、黄色、紫色、褐（黑）色都很常见。

中国最早记载牛肝菌和见手青的人，是明代初期的昆明人兰茂。他的《滇南本草》卷三有如下记载："外有一种番肠菌，其形与见手青无异，采来撅开，亦系见手即为青黑，但其味苦麻，若误食之，肚腹定为疼痛。"见手青变色的原因，是菌子里的酸性物质在酶的作用下被氧化，变成青蓝色，而且接触空气的时间越久，颜色越深，这个过程被称为蓝化反应。"牛肝菌"和"见手青"两个词都出自《滇南本草》，2016年，菌物学家将红见手青命名为兰茂牛肝菌，以纪念他的贡献。

兰茂最早记录了牛肝菌，而最早研究云南牛肝菌的现代学者，是中国著名的真菌学家裘维蕃先生。二十世纪四十年代抗战时期，他在西南联大的时候就开展了对牛肝菌的研究。他之所以首选牛肝菌展开研究，是因为一直以来，牛肝菌在云南人的生活中太重要了，每年约2万吨的产量占云南野生菌产量的五分之一（占全世界总产量的65%），每年有超过1.2万吨出口德、意、法等欧洲国家。在云南牛肝菌中，有一种漂亮的紫褐牛肝菌（*Boletus violaceofuscus* W.F.Chiu），其拉丁名中的命名人后缀正是裘维蕃。

裘氏紫褐牛肝菌

然而兰茂牛肝菌，或者说红葱／红见手，才是云南牛肝菌中最负盛名的品种，其产量占牛肝菌的一半，几乎成为见手青的代名词。在全世界范围内，与云南见手青类似的牛肝菌还有欧洲及北美常见的红点牛肝菌（Dotted-stem Bolete/*Boletus luridiforms*）、褐牛肝菌（Bay Bolete/*Boletus badius*）、红网牛肝菌（*Boletus luridus*）、双色牛肝菌（*Boletus bicolor*，长期以来被认为与云南的兰茂牛肝菌是同一种，实际上是近缘种）、细点牛肝菌（Inkstain Bolete/*Boletus pulverulentus*）等，它们受伤后都有蓝化反应，也都可食用。

见手青类的牛肝菌都会变蓝，唯有少数几种，比如兰茂牛肝菌（*Lanmaoa asiatica*，俗称红葱、红见手）、玫黄黄肉牛肝菌（*Butyriboletus roseoflavus*，俗称白葱、白见手）、华丽新牛肝菌（*Neoboletus magnificus*，俗称红见手、紫见手）含有致幻毒素。因此如果在加热不充分的情况下食用，会导致中毒，其症状包括恶心、呕吐，最典型的症状是致幻——"见着小人儿了"。见手青里引起幻视的物质可能类似裸盖菇素，这种毒素在裸盖菇属的两百多种菌子中都有发现（裸盖菇在北美、南美、欧洲、亚洲皆有分布）。

著名真菌学家臧穆是继裘维蕃之后，中国西南大型真菌研究领域的重量级学者，也是享誉国际的真菌学家，是牛肝菌领域的权威。《山川纪行》是他数十年野外考察的日记，更是一部充满诗意和美学意味的科考手记，其中有见手青致幻的描述。

"云食见手青，如多于10个，量大，食后有幻觉，均为15厘米左右的小人儿，戴墨西哥草帽，身上着彩衣，色极鲜艳，行走方

红点牛肝菌

褐牛肝菌

便，此时人思维清楚……病人称此小人儿在其诊察室中鱼贯而入。他曾对来求医的病人说，这些小人儿，请勿踩到他们。小人儿的衣着颜色极艳丽，凡中毒有此幻觉者，均有同幻象感。1小时后，所见衣着和脸色，均成绿色，色单一而后淡失。"除文字记录之外，臧穆还用线条勾勒出了五个南美风情的小人儿，有的叉腰而立，有的闭目养神，堪称传神。

神奇的是，见手青中致幻的毒素在高温下会失去活性，因此在云南，经过油脂高温炒制的见手青成了一道著名的美食，极受欢迎，几乎家家户户都吃。在云南，炒菌子尤其是炒见手青，一定要放几瓣大蒜，据说如果大蒜变黑，就证明菌子有毒不能食用。这样的认知流行了几百年甚至上千年，明初兰茂说，"世人多以大蒜同煮，以为有毒蒜黑，不知蒜见毒未必即黑，姜见毒则必黑，何若以姜验之为愈也"。他不认可大蒜变黑则菌子有毒的说法，认为应该用姜，这从一个侧面说明十四世纪的云南人就非常喜欢用大蒜来炒菌子。

除了大蒜，姜屑、米粒、银簪（币）甚至灯芯草都承担过"验毒"这一角色。今天我们知道，菌子的毒素并不能与这些东西发生任何化学反应，这样的认知乃知识匮乏时代的极大误解，但我小时候对大蒜能试毒的功效深信不疑。直到今天，炒菌子放大蒜依然是云南大部分地区的饮食传统，这种认识与其视之为错误，不如视之为千百年的民俗和饮食文化传统。

虽然科学家还没有搞清见手青的致幻机理，但蘑菇的致幻效果在人类文明的早期就已经被发现了，欧美很多地区的古代文明中都有人们食用致幻蘑菇的记载，原因就在于各种各样超验而神奇的体验，启发了远古时代人类对世界的某些认知。2022年1月，美国《科学》杂志刊登了中国科学院科学家汪海及其团队关于裸盖菇素致幻机制的研究成果，揭示了裸盖菇素进入人体后的代谢路径。

红网牛肝菌

在我的生活经验里，吃见手青中毒"见小人儿"的故事一直存在于传说中。某次高中同学聚会，有个同学说她小时候吃了没做熟的见手青，看到胳膊上有小

双色牛肝菌

人儿在走，从此就不敢再吃菌子了。我当时听了她的经历只觉得有趣，没想到有一天，我也遇到了这种情况。这是一种突如其来的奇妙体验，我终于相信她描述的那些内容，都是真实发生过的。

像往年夏天一样，我从云南网购了不少见手青。一天中午，我将两斤左右的红见手青清洗干净，切成薄片，根据以往经验在锅里放了腊肉和香油，加热后放入干辣椒和蒜，爆香后放入见手青，不断翻炒，炒出汁水后又加水煮了十几分钟，共二十分钟左右。

下午四点多，我进了卫生间，没有开灯，但我突然看到玻璃门上有水流下来。我用手摸了一下，不像有水的样子。打开灯一看，玻璃门上一点水渍都没有，再看手上也没有水痕。但再关上灯，同样的位置又出现了水流。这一切并不是我的幻想，因为闭上眼睛，水流的图景就消失了。我意识到，这就是传说中的"见小人儿"。因为从小拾菌、吃菌，我对如何安全烹饪见手青很有自信，后来我才知道，高温并不能完全分解毒素，食用过量也会致幻。

晚上关灯后，我躺在床上，眼前出现了一个水墨画般的世界。各种怪物飘在空中，天花板上有几十只游弋的乌贼，立体而鲜活；黑暗中，眼睛的感光能力陡增，我能看到墙纸图案上的花瓣和叶子轻微摇摆，甚至能在黑暗中清晰地看到绣球干花的花瓣——所有的花瓣都动了起来，仿佛活了。我还看到水池边有雾气往四周飘散，仿佛《西游记》里的仙境。这种情况持续了三个晚上。奇怪的是，在光线充足的地方，我的视觉和听觉都很正常。一旦进入光线很暗的空间，幻觉就又出现了。

平面变立体，静止变运动，大变小，无生有——裸盖菇素等致幻物质能改变人对时空的感知，这是大部分见手青致幻经历者见到"小人儿国"的原因。美洲墨西哥印第安人擅长通过食用致幻蘑菇（当地常见的裸盖菇，他们称之为神圣蘑菇）通神、占卜、治病。《蘑菇、俄国及历史》一书中详细描述了作者参与当地致幻蘑菇仪式的经过，他甚至认为致幻蘑菇是人类宗教的起源之因。加了蜂蜜的致幻蘑菇，在十六世纪墨西哥阿兹特克帝国的宫廷及贵族宴会上，经常以前菜的面目出现；北欧拉普兰德地区和亚洲西伯利亚也有食用致幻蘑菇（毒蝇鹅膏菌）的传统，这也许就是凡·高能画出流动星空的原因。

除了致幻，裸盖菇素进入人体后还能产生某种快乐因子，因此对抑郁症有良好的治疗效果。科学家们正在利用裸盖菇素研发治疗抑郁症的药物，同时去除其致幻性。如果见手青的致幻机理与裸盖菇类似，也许在不远的将来，作为云南地道美食的见手青及其提取物，就会成为抑郁症患者的福音。

09 达·芬奇的食单

意大利北部伦巴第大区的城市曼图亚，是欧洲文艺复兴运动的中心。在百科全书式的巨匠达·芬奇（1452—1519年）生活的十五、十六世纪，曼图亚宫廷有一道风靡一时的菜肴——鸭肉香菌黄金烩饭。

曼图亚在2016年被选为意大利文化之都，美食已经成为其历史和艺术遗产的重要组成部分，其中就包括这道达·芬奇很可能也吃过的鸭肉香菌黄金烩饭。这道今天看起来很普通的菜单，体现的是那个时代的美食哲学。当时的食物烹饪方法，深受二世纪古罗马著名内科医师盖伦"四液说"的影响。盖伦的基本观点是生物都有四种体质：血液质、黄胆汁质、黑胆汁质、痰饮质，分别对应气、火、土、水四种物质。所以

《贝里公爵豪华祈祷书》，约翰·贝里公爵（法国国王查理五世的弟弟）正在享用宫廷大餐，1410年

厨师在烹饪时，需要均衡这四种体液的四种特征——热、燥、寒、湿，才是健康的饮食。这道菜用的是鸭肉，家禽肉在当时的意大利餐桌上占据着尊贵的地位（从水生动物到飞禽，肉质食物的等级渐次抬高），其性湿冷，需要用火辣、滚烫的酱汁来调配，比如菜单中的洋葱、大蒜、干白、黑胡椒、丁香和牛肝菌。

☆ 鸭肉香菌黄金烩饭 ☆

【食材准备】

6汤匙黄油；3个中等大小的洋葱，2个剁碎，1个切碎；10瓣大蒜，其中8瓣对半切开，2瓣切碎；1只鸭，洗净后切成小块；1¼杯意大利干白葡萄酒；½茶匙盐；¼茶匙现磨黑胡椒粉；8块完整的丁香；2个干牛肝菌，温水泡发后剁碎；2杯长粒米；4杯鸡汤；2小撮藏红花，浸泡于¼杯清水中；1杯切成薄片的草菇，撒上少许柠檬片备用

【具体做法】

1. 用厚锅将4汤匙黄油化开，加入剁碎的2个洋葱和对半切开的大蒜，翻炒至金黄后加入鸭肉块，炒至变色后，倒入干白葡萄酒，然后关小火，加盐、胡椒、丁香和牛肝菌。盖上锅盖，以小火慢炖2小时，直至肉烂无骨。

2. 捞出煮好的鸭肉，去除骨头，并切成1～2立方厘米大小。挑出蒜瓣扔掉，撇除锅内多余的油脂，然后将肉放回锅内原汤。

3. 用一口大锅，将剩下的2汤匙黄油煎热，加入切碎的洋葱和大蒜，翻炒到色泽金黄。倒入米，持续翻炒1分钟后倒入鸡汤和藏红花水。煮沸后，关小火焖煮15分钟，直至水分完全吸收。

4. 摆盘时，将米饭沿盘子边缘摆成圆环状，铺上一层草菇片，再将鸭肉堆于米饭中心，浇汁后即可上桌。可供六人食用。

为了重现这道十五世纪的意大利宫廷菜式，我决定在某个周末小试身手。牛肝菌并不难获取，我打算放四个牛肝菌，同时把草菇换成来自云南的松茸。这样就中西合璧、完美无瑕了。鸭肉香菌黄金烩饭的顶配版，据说也可以用黑松露代替牛肝菌。我的准备工作是从一周前开始的。洋葱、大蒜、黑胡椒、柠檬，是家里厨房常用的食材，不难找到。丁香和藏红花平时很少用，但丁香作为调料我是知道的，这是一种北京很常见的景观植物。藏红花正式名为番红花，是原产于中亚的著名香料和染料，曾经有一段时间在西方贵比黄金，现在已经没有那么金贵了，但是也不常用，幸好家里有一份产自伊朗的藏红花。来自智利的干白葡萄酒和来自海南的文昌鸡炖汤，准备起来也不麻烦。

这份菜单能成为经典，必然经过了很多大厨长时间的检验。按照菜谱的制作流程，做出来的还原度应该极高。在花费了近两个半小时之后，当一份有着五百多年历史的传统意大利宫廷菜出现在餐桌上的那一刻，果然让人眼前一亮。鸭肉贡献了肉香，干白葡萄酒贡献了酒香，白牛肝菌和松茸贡献了菌香，藏红花贡献了黄金般的颜色。意大利的菜谱、法国的黄油、伊朗的藏红花、智利的干白葡萄酒、湖南的鸭子、黑龙江的五常大米、海南的文昌鸡、云南的白牛肝菌和松茸，每一种食材都蕴含了其所在地域的丰富能量和信息，当它们交会在一起的时候，人们的舌尖和味蕾就品尝到了这些食物背后的人文和故事。

通过这道菜的复现，我们仿佛与十五世纪的意大利人甚至达·芬奇，进行了一场关于如何吃菌子的超时空对话。达·芬奇生活的时代，正是中国的明朝前期，他几乎和张志淳（1458—1538年）同时期。而张志淳，是最早详细记载了菌中之王鸡坳的高级官员。当美味牛肝菌和松露成为欧洲上层社会钟爱的美食时，在东方，来自云南的鸡坳也成为明室的皇家贡品，被进献给明孝宗。美味的菌子在东方和西方，都成为宫廷的美味珍馐，正呼应了陈仁玉在《菌谱》中所说的"羞王公，登玉食"。

法国人也喜欢用蘑菇做菜，最有名的就是松露烤火鸡，这道菜是拿破仑的最爱。将火鸡的肚子用松露填满，有时候也会将松露换成美味牛肝菌，毕竟它的价格更亲民。英国人喜欢用干香菇做意式蘑菇烩饭，撒上帕尔马干酪。

相比西欧的意大利人或法国人，东欧的斯拉夫人无疑是菌子更狂热的爱好者。"整个蘑菇季节，各阶层都会食用蘑菇，或炸、或煮、或腌制……蘑菇可以在热灰上或煎锅里炸；也可单独煮，或与白菜汤同煮；可单独用黄油烤，更常见的是用黄油和酸奶油烤。蘑菇还被用来制作布丁和馅饼。后者一般是就汤一起吃，或者和菜一起吃。蘑菇还经常与牛排或烤牛肉一起食用，可以单独食用，也可以与土豆、胡萝卜、萝卜、卷心菜、芦笋等混合食用，还可以加酱汁。当蘑菇、肉排与丰富的酱汁相遇，再辅以适当的调味，简直美极了。"

来自森林的美味菌汤原料：橙盖鹅膏菌、美味牛肝菌、鸡油菌

这是《蘑菇、俄国及历史》一书中记载的十九世纪初人们吃菌的方式。俄国古谚语说，俄国人的一生都伴随着馅饼，其在俄餐中的地位与比萨在意大利的地位相当。用蘑菇制作布丁和馅饼，和十四世纪的蒙古人用天花蕈制作天花包子的方法类似，只不过前两个是烤，包子是蒸。

对于同属斯拉夫民族的波兰人来说，蘑菇的吃法，大概就是做汤、做馅、煎或炖菜。他们喜欢用蘑菇做汤，或做酸菜蘑菇馅饺子（Pierogi），或卷在鸡肉里煎炸。欧洲当地非常受欢迎的高大环柄菇通常煎着吃，用鸡蛋、面粉加盐和黑胡椒做面糊，蘑菇裹上面糊在猪油里炸至酥脆、金黄即可。彼得·汉德克的《试论蘑菇痴儿》中，主人翁的母亲这样加工高大环柄菇："她将蘑菇顶裹上蛋清和面包屑，在平底锅里煎成一块类似于炸猪排的东西，然后端到儿子和全家人面前，让大家感到无与伦比地喜悦。"有一道

☆ 波兰猎人炖菜 ☆

【食材准备】

10克干牛肝菌；1个大洋葱；1瓣
大蒜；3个干李子；75克烟熏培根；
300克风干辣啤酒肠；450克猪颈
肉；350克番茄；300克德国酸菜；
700克卷心菜；2个干牛肝菌，以
温水泡发后剁碎；2杯长粒米；4杯
鸡汤；1茶匙杜松子；½茶匙葛缕
子；75克番茄膏；500毫升牛肉高
汤；盐、黑胡椒、植物油少许；面
包（摆盘用）

【具体做法】

1. 干牛肝菌用温水浸泡。洋葱、大蒜、干李子切小块。烟熏培根、
   风干辣啤酒肠、猪颈肉、番茄切丁。酸菜倒入滤网沥水，卷心
   菜切细丝，杜松子和葛缕子用研钵磨碎。

2. 将培根放入锅中，中火煎炒约3分钟。放入切好的洋葱、大蒜和
   磨好的调料，再炒3分钟，然后置于一旁。

3. 将植物油倒入锅中，开中到大火，油热后放入猪颈肉炒2～3分
   钟，直到通体变成棕色。加入卷心菜丝，炒约10分钟。接着放
   入番茄膏、炒好的洋葱培根、酸菜、番茄和牛肉高汤。将所有
   食材搅拌混合均匀，煮沸，转小到中火，加盖煮约30分钟。

4. 将泡好的牛肝菌从水中捞出，水不要倒掉。将牛肝菌切小，连
   同浸泡用的水一起倒入锅中。加入风干辣啤酒肠和干李子，加
   盖炖约1小时。用盐和胡椒调味，佐以新鲜面包即可享用。可供
   六人食用。

高大环柄菇

经典的波兰菜叫"Bigos"，也叫猎人炖菜（Hunter Stew），就是用酸菜、卷心菜、洋葱，加上蘑菇或干香菇，与牛肉、猪肉、香肠等慢炖而成的。

除了做菜，蘑菇做成酱也是另一种常见的吃法。美国现代先锋音乐家约翰·凯奇喜欢用蘑菇来制作蘑菇酱，还自创了一道叫作"Dogsup"的食谱。他用的原料包括蘑菇、盐、姜、月桂叶、辣椒、黑胡椒、甜胡椒、肉豆蔻和白兰地。把蘑菇切成小块，500克蘑菇对应一汤匙食盐，搅拌均匀放置三天，其间不定时翻动几次。三天后，将蘑菇倒入平底锅，加热三十分钟，把蘑菇的汤汁逼出来，过滤出汤汁留用，把蘑菇放入破壁机打碎。然后加入姜末、肉豆蔻、月桂叶、黑胡椒、甜胡椒以及辣椒。拌匀后，倒入之前的汤汁，放入锅里再煮，煮到汤汁减少一半，加入一汤匙白兰地。这样就大功告成了。我猜测约翰·凯奇用的是日常所见的平菇或香菇，或者是两者的混合。

相比欧美或中国北方，云南人的菌子食谱更粗野、淳朴，这里的人们更喜欢原汁原味的吃法，很少将其作为某道菜的辅料。无论是爆炒见手青、火腿炒干巴菌还是鸡枞烧汤，菌子都是绝对的主角。

10 菌子月令成好席

生命是由吃和喝构成的。——莎士比亚《第十二夜》，安德鲁爵士如是说

万物皆有时令，菌子也不例外。每一个时令都有不同的菌子，所以每一个时令都有不同的菌子菜单。以下所列，是我经常做的十一道菌子菜谱，也是我认为能得每道食材精髓的做法。当然，每种菌子的吃法不止一种，比如鸡枞可以炖鸡，也可以炒来吃；松茸可以炖鸡，也可以吃刺身；肉蘑（血红铆钉菇）可以晒成干，冬天炖鸡也不错。

"五月殷殷雷鸣时"，伴随着端午的到来，在初夏的雷声过后，最先破土而出的是鸡枞。新鲜的鸡枞，尝的就是那一口鲜甜。所以一道鸡枞烧汤，是对菌子季节到来最单纯的致敬。

伴随着"鸡枞雷"的炸响，其他菌子也纷纷出场。山间最受欢迎的是各种牛肝菌，尤其是各种会变色的"过菌"，也就是见手青。见手青类的牛肝菌在云南产量很大，包括红见手、白见手、黑见手、粉见手等，整个夏天，云南人最爱吃也最家常的就是它了，但做不熟容易致幻。所以这道菜的关键，在于锅温和油温。为了提高锅温，一定得多放油。

不过在老家，见手青等炒菌的吃法各有特色。尤其如果用柴锅来炒制的话，就不用放那么多油了。出锅前可以放点自家做的酸腌菜，别提有多下饭了。

☆ 鸡枞烧汤 ☆

【食材准备】

500克鸡枞洗净，用手撕成小块，沥水备用；50克肥瘦相间的宣威火腿，切丁；半个青辣椒，切段；30克植物油；1茶匙盐

【具体做法】

1. 清洗鸡枞。这是个精细活，准备一把牙刷，水龙头开小水，从帽子开始用牙刷把泥土刷去，刷完帽子再刷根部。因为鸡枞深入地下，根部的泥土尤其多，要刷仔细。在云南，这个流程会用成熟的南瓜叶和一大盆水代替。
2. 刷干净后，将鸡枞用手撕成小块，然后打一盆清水漂洗，直至盆底无沙，即可捞出沥水。
3. 将油下锅烧热，放入火腿丁和辣椒段，炒出香味。然后倒入鸡枞，翻炒出香味，倒入1.5升左右的开水，煮到滚开，关火放盐。作家阿城所说的"会贪鲜，喝到胀死"的鸡枞汤就成了。

☆ 火腿炒干巴菌/干巴菌炒饭 ☆

【食材准备】

250克干巴菌；50克肥瘦相间的宣威火腿，切丁；半个青辣椒，切段；3瓣大蒜，切丁；50克植物油或猪油；½茶匙盐

【具体做法】

1. 将干巴菌撕成小片，拣出杂物。准备一盆水，不断漂洗直至盆底无沙，捞出沥水。可用手将水攥干。
2. 将油下锅烧热，放入火腿丁、蒜瓣和辣椒段炒出香味，倒入干巴菌。满屋飘香时，就可以关火撒盐了。
3. 干巴菌炒饭只需在火腿炒干巴菌的基础上加入一道工序。提前备好半锅米饭，最好用颗粒明显的东北长粒米，米饭用筷子打散。炒好的火腿干巴菌，一半留在锅底，再加入一大勺油，油热后倒入米饭翻炒。关火撒盐，即可出锅。

☆ 炒白牛肝菌 ☆

【食材准备】

500克白牛肝菌，切成薄片备用；30克肥瘦相间的宣威火腿，切丁；3个干辣椒，切段；20克植物油或猪油；½茶匙盐

【具体做法】

1. 油入锅烧热，放入火腿、干辣椒爆香，然后倒入切好的白牛肝菌，不断翻炒2～3分钟。
2. 菌子变软并出黏稠汤汁，继续中火翻炒3分钟，待汤汁稍干，关火撒盐即可。

☆ 爆炒见手青 ☆

【食材准备】

30克偏肥的腊肉，切片；5个干辣椒，切段；8瓣大蒜，拍碎；100克植物油或猪油；½茶匙盐；500克见手青，切成薄片备用

【具体做法】

1. 油热后，放入腊肉、干辣椒、大蒜，炒至变黄，然后倒入切好的见手青，不断翻炒，以免粘锅、煳锅。
2. 翻炒2～3分钟，菌子会变软并出黏稠汤汁，继续中火翻炒8～10分钟，待汤汁变干消失，菌肉变得微黄、油脂渗出之后，再翻炒2分钟，关火撒盐即可。
3. 装盘时，可以将多余的油脂滤出，趁热吃极香。

玫瑰红菇

干巴菌（云彩菌）的产量，相对于见手青和鸡枞，是比较低的，在山上属于可遇而不可求的品类。如果能见到一朵小碗大的干巴菌，基本能值五六百块钱。所以，吃干巴菌最好的方式，还是到菜市场买点个头中等、品相稍好的（没有过度氧化变得太黑）回家自己做。

干巴菌的清理，比鸡枞更费工夫。干巴菌生长的过程比其他菌子缓慢，所以身体里夹杂了很多松针和枝叶。挑选上好的干巴菌，需要眼神好的几个人一起清理。

白牛肝菌在云南的产量也很大，几乎贯穿整个菌子季，但它的排名很靠后，可能是因为见手青太受欢迎。从价格上来说，白牛肝菌通常只有见手青的三分之一或四分之一。就口感而言，白牛肝菌的香味不是很突出，水分偏多，吃起来有股甜味。

伴随着雨季的到来，各种各样的杂菌多得吃不过来。大红菌、青头菌、铜绿菌、谷熟菌、皮条菌（蜡蘑）、鸡油菌、珊瑚菌、喇叭菌、火炭菌（稀褶黑菇）等统称为杂菌，因为易碎且含水分多，它们在餐桌上的待遇，就是混在一起，先炒后煮，成为一锅鲜美无比的菌汤。煮杂菌汤泡饭很好吃，尤其如果锅里有红菇的话，汤色红亮，味道香甜无比。

在华北或东北，肉蘑（血红铆钉菇）是非常受欢迎的一种蘑菇，9—10月产量非常大。肉蘑呈玫瑰色，菌伞和菌柄都很紧实，而且不爱生虫，吃起来香甜且肉感十足，是一种品质上佳的北方野生食用菌。它和白牛肝菌一样，水分较大且无毒，因此做法类似。

☆ 煮杂菌 ☆

【食材准备】

500 ～ 1000克杂菌，撕成小块备用；30克肥腊肉或火腿，切片；3个干辣椒，切段；5瓣大蒜；50克猪油；1茶匙盐

【具体做法】

1. 猪油入锅烧热，放入火腿或腊肉，加入大蒜和干辣椒爆香，然后倒入杂菌，翻炒2 ～ 3分钟。
2. 出汤汁后，加入1.5升开水，开大火，待锅内翻滚，撒盐关火即可。

☆ 炒肉蘑 ☆

【食材准备】

500克肉蘑，撕成小块，焯水沥干备用；30克肥腊肉或火腿，切片；3个干辣椒，切段；50克猪油；1茶匙盐

【具体做法】

1. 油入锅烧热，放入火腿、干辣椒爆香，然后倒入准备好的肉蘑，不断翻炒2 ～ 3分钟。
2. 菌子变软并出黏稠汤汁，继续中火翻炒3分钟，待汤汁稍干，关火撒盐即可。

相比其他菌子，松茸的盛产时节来得晚一些，8—10月才大量上市。松茸的含水量不高，容易保存，适合远距离运输，因此远销日、韩。10月初，当北方的常见野生菌逐渐减少的时候，北京公园里的草地上、湿润的草丛里，会钻出大量鸡腿蘑菇（毛头鬼伞）。鸡腿蘑菇幼嫩时可食用，可以炒、煎或做汤。我喜欢用油煎，有独特的香味。在我看来，鸡腿蘑菇算得上北方最好吃的野生菌。唯一要记住的是三天内不能饮酒，否则会出现类似头孢遇到酒的中毒反应。

松露的成熟期一般在11月至次年3月。更早一些时候采摘的松露，切开后颜色发白，香气也寡淡。所以冬天是品味松露的最佳时节。也可以用冰冻的松露，解冻后切片。这道菜主要靠食材，基本不考验厨艺。遇到品质很棒的松茸（肉质紧实无虫咬），也可以采用这种吃法。

在云南，菌子季吃不完的杂菌，可以去除大部分泥沙和杂质后，切片在太阳底下晒成菌子干，或在烤炉里烤干，然后密封保存，注意防潮。用于制作干菌子的杂菌，切忌水洗，因为水洗之后会烂、不成形。菌子晒干以后有股浓郁的香气，可以吃一整个冬天，直到下一年的菌子季节。与煮杂菌相比，腊肉炒干杂菌体现了人们处理不同时令下同一种食材的智慧。

北方有一道家喻户晓的名菜：小鸡炖蘑菇。蘑菇必须用榛蘑（蜜环菌），鸡肉必须是笨鸡（土鸡）。

从夏到秋，甚至冬天，每个时令都有不同的菌子食材及不同的做法。然而，总原则是保留菌子原有风味或者用辅材激发其风味。鸡枞、干巴菌、松茸和松露，是绝不会与其他菌子一同烹饪的，它们个性鲜明，足以独领风骚，况且香气与口感彼此无法兼容。鸡枞、干巴菌需要用陈年火腿和油脂同炒，高温激而发之，味道才能出来十之七八。松茸、松露则不耐高温和大火，刺身的吃法可以保留其原本的香甜和脆爽口感，再辅之以成年火腿特香的油脂与氨基酸，两相碰撞得以升华。单炒见手青虽然也很香，但它的兼容性稍好，加入其他菌子一起炒，风味也很不错。实际上在老家，牛肝菌类都可以炒在一起，包括见手青和白牛肝菌，保留一些汤汁，吃起来爽滑香嫩，尤其下饭。

☆ 香煎鸡腿菇 ☆

【食材准备】

鸡腿蘑菇10 ～ 20朵，对半切片；50克橄榄油；大蒜、干辣椒若干

【具体做法】

1. 采摘尚未老化变黑的鸡腿蘑菇，削去根部泥土，清洗干净，用厨房用纸吸干水分，对开切成片。
2. 将锅烧热，倒入半碗橄榄油或茶油，将鸡腿菇煎至焦香金黄，起锅撒盐，喷香无比。也可放入几片大蒜和两三个干辣椒同煎。

☆ 香煎松茸 ☆

【食材准备】

松茸10朵，切成2毫米左右的薄片；10克橄榄油；海盐、黑胡椒粉

【具体做法】

1. 新鲜松茸用陶瓷刀刮去泥土，用流水冲洗干净，然后用厨房用纸吸干水分后切片，以免下锅时炸油。
2. 平底锅开中火或小火，橄榄油烧热，将松茸切片平铺，煎至变软，色泽金黄、芬香四溢时就可以起锅摆盘，撒上海盐和黑胡椒粉即可。

☆ 意大利/西班牙火腿卷松露 ☆

【食材准备】

松露5朵，切成1毫米左右的薄片；
意大利/西班牙生食火腿50克，切成
薄片

【具体做法】

生食即可。

☆ 腊肉炒干杂菌 ☆

【食材准备】

干杂菌200克，泡发，清洗沥水备用；
30克肥瘦相间的宣威火腿，切薄片；3
个干辣椒，切段；5瓣大蒜，拍碎；20
克植物油或猪油；½茶匙盐

【具体做法】

1. 干菌子提前2小时泡发，去除杂质，淘洗干净泥沙，注意一定要
   多淘洗几遍，直到盆底无沙。
2. 油下锅加热，放入火腿或腊肉，加入大蒜和干辣椒爆香，然后
   倒入干杂菌，翻炒5～6分钟，待菌干香味浓郁的时候，关火撒
   盐即可。

☆ 小鸡炖蘑菇 ☆

【食材准备】

干榛蘑200克，泡发，清洗沥水备用；
1.5千克土鸡一只，切成5厘米左右的
大块；粉条150克，泡发备用；葱、
姜、蒜、糖适量；八角2颗；50克植
物油；50克料酒；1茶匙盐

【具体做法】

1. 干榛蘑去根，提前2小时泡发，淘洗干净泥沙，注意一定要多淘
   洗几遍，直到盆底无沙。
2. 油下锅加热，放入葱、姜、蒜及八角爆香，然后加入鸡肉爆炒，
   翻炒5～6分钟，待鸡肉无水分有焦香时倒入料酒翻炒，再加入
   酱油和少量白糖翻炒，持续大火，再炒3～4分钟至鸡肉上色。
3. 倒入1.5升开水，汤汁沸腾后，调中小火慢炖约1.5小时。中途可
   根据情况加入开水，切忌加冷水，会影响肉质口感。
4. 鸡肉炖好后，加入榛蘑、粉条，加盖再炖10分钟左右，然后开
   盖调大火，再炖10分钟，根据口味适量撒盐，即可出锅。

史

菌子史话

Part 4

01 鸡㙡历史文化考

今天很多出版物都将鸡㙡写作"鸡枞"，其实是一种因输入法导致的流行错误。2022年7月出版的《云南野生菌》写作鸡㙡，"土+从"是"土+從"的简化字。正本清源，还得从词源和造字说起。

中国历代的字书中，㙡也曾写作堫、蔥、宗。南朝顾野王编纂的字书《玉篇》写道："堫，咨容切，土菌也。"鸡㙡拥有众多拥趸和加持者，其中就包括张志淳和杨慎。

张志淳是土生土长的云南人，到他这一代，他家已经是富户。他开始走读书之路，加上天资聪颖，二十六岁即高中金榜，后来官至户部侍郎。1511年，张志淳因事受到牵连，退休回到家乡永昌，著书教子。他的《南园漫录》成书于嘉靖五年（1526年），是一部在当时很受重视的著作，张志淳在书中回答了鸡㙡命名的原因。《南园漫录》为杨慎和徐霞客这两位与云南有渊源的重要人物称誉，清代纪晓岚也将其收入《四库全书》。

与鸡㙡有关的另一位重要人物是杨慎，他是明代百科全书式的巨匠文人，对当时及后代影响巨大。"滚滚长江东逝水，浪花淘尽英雄。"知道杨慎的人不见得多，但是他在发配途中写于湖北荆州的这首《临江仙》（也有人认为作于云南），没有几个人不熟悉。

明朝嘉靖皇帝即位，引发了历史上著名的"大礼议事件"（皇权与相权之争）。简言之，士人为了维护皇权制度的正统权威，不得不反对皇帝的权威。1524年7月，杨慎这个当朝首辅之子，祖籍成都的状元之才，在政治生涯如日壮年之时勇触龙鳞，永远地得罪了年轻的嘉靖皇帝。

虽然他已抱定必死之志，但嘉靖皇帝就是不让他死。经历两轮廷杖后，杨慎被充军到云南边陲之地永昌卫（今云南保山），一个发生过很多历史故事的地方。上一个被发配到如此遥远之地的，是秦始皇时期的权相吕不韦家族及后人，这也是当地"不韦县"名字的由来。

在鸡枞跻身"菌中之王"的故事里，永昌（保山）是一个重要的地点。从地理位置看，永昌连接内外，正处在"蜀身毒道"的关键位置，有着重要的战略地位。永昌（包括辖区内的腾冲）盛产鸡枞，张志淳的《南园漫录》已有明确记载；徐霞客买鸡枞和煮鸡枞泡饭的故事，也发生在永昌。永昌是古代中国中原汉族和云南故事的重要发生地，前有吕氏家族，后有张志淳、杨慎和徐霞客。

四百多年前杨慎的万里发配之旅，其艰辛今人无法想象。"商秋凉风发，吹我出京华"，杨慎自己的诗文和《滇程记》一书描述了这趟旅程。离京之后，他拖着病体一路南行，然后逆江而上，在湖北江陵（荆州）弃船登陆，走湖南常德、贵州贵阳，然后经秦代修筑的五尺道进入曲靖，再到昆明。

他走的这条是著名的"普安道"，元代忽必烈下令修建，是元明清几代中央政府经营西南的官道，一直发挥着重要作用。无比巧合的是，杨慎从常德到昆明这一段约三千五百里的路途，与四百多年后抗战时期——1938年2月西南联大师生组成的"湘黔滇旅行团"西迁昆明的徒步路线基本重合。汪曾祺要是早一点入学，也许能赶上这一段旅程。在昆明略作歇息，杨慎离开昆明经楚雄南华县（野生菌主产区），过祥云县云南驿进入大理，抵达永昌（蜀身毒道的南线），此时正好赶上春节。从昆明开始算，杨慎走过了二十四座驿站。1525年2月，杨慎抵达永昌卫，整个人已经"肉黄皮皱形半拖"，只剩下半条命。

永昌正是张志淳的老家和退休的地方。张、杨两家的关系颇有渊源，这还得从张志淳和杨慎之父杨廷和的交往说起。《云南通志》记载，张志淳任太常卿（主管朝廷礼仪的三品官员）时，与新都（今属成都，杨慎老家）的杨廷和交善。两人年纪相仿，诗文相投。

张志淳之子张含年长杨慎七岁，两人从小就要好。据后人考证，"大礼议事件"之后，杨慎本来要被发往西北雁门关外，但是有意照顾他的朋友官员对嘉靖皇帝说，雁门关不够远、不够苦，不如发配到云南永昌卫。因为云南永昌卫有杨慎父亲的故交张志淳，以及他儿时"总角之交"的朋友——张志淳之子张含。杨廷和与永昌也有关系，"大礼议事件"发生前，他还是内阁首辅，给永昌府写过《新建永昌府治碑记》。综合各方面信息来分析，这个操作可能性很大。

果然，到云南永昌后，杨慎托身故交张志淳，得到了关照。后来他在《南园先生集序》中说："嘉靖甲申，某以罪谪戍永昌，得拜先生堂下，谈论娓娓，教诫谆谆，所益弘多……而通家之情爱，甚早、甚深、甚久矣。"杨慎连用三个"甚"字，凸显张家对他的情谊深厚。

在永昌待了一个月后，杨慎就搬到了昆明附近的安宁，一住就是二十年。安宁以温泉著称，杨慎正好在此借温泉疗其棒疮。杨慎能得此待遇，还要感激永昌知府严时泰和黔国公沐氏家族的安排及关照。杨慎和沐家的关系，在他的咏鸡枞名作《沐五华送鸡枞》中体现得淋漓尽致："海上天风吹玉芝，樵童睡熟不曾知。仙人住近华阳洞，分得琼英一两枝。"

诗中的沐五华，是明朝开国功臣、朱元璋义子、黔国公沐英的七世孙。沐五华采了鸡枞后，从昆明城送到他在滇池西山的住所碧嶢精舍。鸡枞如白玉，如仙人所食的琼英。作为罪徒，杨慎得到了黔国公沐家的厚爱，这也许是命运对他的补偿吧。在《祭沐九华文》中，杨慎写道，沐家"顾我于逆旅，慰我于天涯；命驾于滇社之馆，载酒于昆池之槎；或会宿于仙村，或倡和于太华"。

杨慎还有一首描写鸡枞的作品《渔家傲·滇南月节》："六月滇南波漾渚，水云乡里无烦暑，东寺云生西寺雨。奇峰吐，水椿断处余霞补。松炬荧荧宵作午，星回令节传今古，玉伞鸡枞初荐俎。荷芰浦，兰舟桂楫喧箫鼓。"星回令节即火把节；农历六月二十四日火把节前后，正是云南鸡枞上市之时。人们点燃松枝做的火把，围成一圈载歌载舞，将午夜照成了白昼。

碧峣精舍，杨慎在此居住讲学二十余年，目前是杨慎和徐霞客纪念馆

无论是琼英还是玉伞的比喻，完全已经看不出他黯然出京、路过江陵写《临江仙》时的那种悲凉。美好的天气和景色，美味的鸡枞，有朋友，有好酒，所以词中"水云乡里无烦暑"既是写实也是写心。彩云之南的山川日月安慰了他的眼，鸡枞这样的土产风物安慰了他的胃。他常常自称博南山人、金马碧鸡老兵，已经把自己当作云南人。值得一提的是，昆明的美誉"春城"，也出自杨慎。

嘉靖三十八年（1559年），七十二岁的杨慎在昆明去世；明穆宗时期，朝廷追封他为光禄寺少卿，明熹宗时期又追其谥号为"文宪"。有人认为，正是因为杨慎被贬云南近四十年，才带来了云南文明程度及文化地位的提升，此言非虚。

明代大旅行家徐霞客，则在凝聚他毕生心血的《徐霞客游记》里，用近二十五万字、约占其游记五分之二的篇幅来描述云南（《滇游日记》），其中多次提到了鸡枞，为我们留下了难得的历史记录。徐霞客游滇的时间，是1638年5月至1640年1月。在此期间，他几乎踏遍了云南的山山水水。云南是他游历的收官之站，也是时间最长的一站。提到鸡㙡时，他喜欢用"㙡"字。

和杨慎不同，徐霞客游历云南，是他完成毕生伟大地理学事业的主动选择。他来自江苏江阴的富庶民间，少年时就立下了"丈夫当朝碧海而暮苍梧"的大志，一生与山川行旅为伴。他没有杨慎那样高开低走而又闯入一番异域的跌宕心路历程。在他的字里行间，有的是生活的小快乐。旅途饥苦，鸡㙡鲜甜，他用了"甚适"两个字。其实用云南话形容，应该用"板扎"二字。

1639年8月，他在保山闪太史家赏书画……"座间另觅鲜鸡㙡，瀹汤以佐饭，深夜乃归馆"。"又北一里，即洱海卫城西南隅。先是余从途中，见牧童手持一鸡㙡，甚巨而鲜洁，时鸡㙡已过时，盖最后者独出而大也。余市之，至是瀹汤为饭，甚适。"离开保山到了大理祥云古城，他向牧童买到一个大鸡㙡，高兴得不得了，又是烧鸡㙡汤泡饭。

"以银五钱畀禹锡，买鸡㙡六斤。湿甚，禹锡为再蒸之，缝袋以贮焉。"徐霞客到保山时恰逢鸡㙡上市，他给了好朋友禹锡五钱银子，请他买六斤鸡㙡。新鲜的鸡㙡水分大，不宜旅途携带，所以朋友将鸡㙡蒸熟，用袋子缝起来，以备他下一段旅程食用。当时保山一带米价颇贱，二十文钱就可让三四个人吃饱饭。当时米价平均一公石1159文钱，《中国历代粮食亩产研究》认为明朝的一石米约重153.5斤；按此可知，每斤米约7.6文钱，一斤鸡㙡52文钱，相当于七斤大米。五钱银子才买六斤鸡㙡，贵是真贵，爱也是真爱。

云南是徐霞客游历中国的最后省份，大理宾川鸡足山又是他云南游历的最后一站。1639年农历九月十四日的记录是《滇游日记》的最后一条，也是《徐霞客游记》的最后一条，他留给了鸡㙡。徐霞客在鸡足山的日子是快乐的，不知道徐霞客离开鸡足山返乡的时候，有没有带上一罐鸡㙡油？我要是他的朋友，一定不会忘了。毕竟油炸可以致远，他又那么喜欢。

清代大学问家赵翼也甚爱鸡㙡，他以一首颇具李白风格的古风诗《路南州食鸡㙡》，将鸡㙡之滑腴、鲜甜写得无比传神："无骨乃有皮，无血乃有肉，鲜于锦雉膏，腴于锦雀腹；不瀹瀟自滑，不椒姜自馥。只有婴儿肤比嫩，转觉妃子乳犹俗。"鸡枞肉质肥嫩，胜过锦鸡和锦雀；瀹瀟即勾芡，椒姜指调料，炒鸡枞无须勾芡就滑嫩无比，自带氨基酸也不用放调料。妃子乳即西施乳，指河豚的腹肉，鸡枞嫩如婴肤，与之相比，河豚腹肉都显得俗。

> 鸡枞……若熬液为油，以代酱豉，其味尤佳。浓鲜美艳，侵溢喉舌，洵为滇中佳品。汉使所求蒟酱，当是此物。从来解者，皆以为扶留藤，即今蒌子也。其味辛辣，以和槟榔之外，即不堪食。此有何美而求之，盖虽泥于蒟字之义，实于酱字之义何取，必非扶留，可知。然古今相沿已久，辛莫有识其误者。特为表而志之，格物之士，或有采焉。

这段文字出自《永昌府志》，大意是说：汉朝的蒟酱，可能就是油鸡枞。以前作注解的人，都认为蒟酱是用扶留藤做的。扶留藤那玩意儿，味道辛辣，除了就槟榔吃，根本无从入口，怎配称作美味？希望有识之士，追根溯源，以正视听。蒟酱最早出现在司马迁的《西南夷列传》中，司马迁说："然南夷之端，见枸酱番禺。"意思是平定南夷，始于唐蒙当初在广州看见枸（蒟）酱；平定西南夷，始于张骞在大夏国看见蜀地的布匹和邛竹杖。如果按《永昌府志》所言，蒟酱就是油鸡枞，那么鸡枞的食用历史可能更为久远。而且鸡枞的美味，可能改写了汉朝的疆域。

这个典故，也出现在晚清名臣张之洞的父亲张瑛主编的《兴义府志》中："《黔书》中载清初诗人丁炜的说法，谓鸡枞酱即蒟酱；昔汉武帝食而甘之，遂开通西南夷。"在这里，蒟酱直接变成了汉武帝征服西南夷的动机。

有两则与鸡枞相关的笔记也很有意思，写出了对两位皇帝的褒贬。明孝宗的时候，光禄寺给皇帝进献了鸡枞，皇帝非常爱吃。伺候的人一看皇帝爱吃，还要再去取。皇帝立马制止，旁边的大臣问何故，他说，我如果再要，底下人必会多存货准备，这样就太靡费了。另一位皇帝明熹宗也特别喜欢吃鸡枞，于是云南每年都用驿站快马飞驰进献北京。只有宠臣魏忠贤和乳母客氏得到赏赐，连张皇后都没有份儿。

珍贵而美味的土产总是逃不过被纳为贡品的命运。至少在明代嘉靖前后，鸡枞等野生菌就已经纳入"税课"。有两条相关的记载。一条出自前文张志淳所著的《南园漫录》："鸡葼……但镇守索之，动百斤。"另一条出自当时云南巡抚何孟春的《何文简疏议》，记载永昌地方官课税名目繁多，而且日增月长，"典马、典军，诛求万计，磕头见面，动要数千……鸡枞户、牛皮户、柴薪户，无日不征"。鸡枞被作为实物税征缴，进献给皇帝。

鸡枞进入中原文化主流视野的这个过程，如果放在明代中央政府对云南着力经营的大背景下，会更容易理解。明太祖大量移民云南，并封义子沐英为黔国公永镇昆明，而且云南有重要的经济资源银矿和铜矿，而银和铜是明代金属货币的原料。据《明实录》记载，在海外白银大量流入之前，云南的银产量占全国的三分之二以上；云南的铜产量到清代高峰期甚至占全国的九成以上。银矿和铜矿开采带来的人口增长和流动，让鸡枞这一穷乡僻壤的美味为更多人所知。

02　翠笼飞擎驿骑遥

　　似乎中国历史上的时令美食，都要和大人物、大事件扯上点关系。自从晚唐杜牧那首《过华清宫绝句》之后，飞驿传递的美食，在历史的叙事中，就是一骑红尘妃子笑的讽刺故事。唐明皇时的荔枝、宋理宗时的桐蕈、明熹宗时的鸡枞，除了产自浙江天台的桐蕈离都城杭州相对较近（约二百公里），可以连桐木一起新鲜送达之外，荔枝和鸡枞从产地到达京城都有数千里之遥，那时候没有冷链物流，古人是如何做到的呢？

　　在回答新鲜的鸡枞如何从云南送达北京之前，先来看看唐代的杨贵妃是如何吃到新鲜荔枝的。"一骑红尘妃子笑，无人知是荔枝来"，关于杨贵妃吃的新鲜荔枝来自哪里，古人一直有分歧。分歧的原因在于对唐代远距离运送时令生鲜的路线和保鲜技术的认知不同。

　　关于杨贵妃吃的荔枝来自哪里，主要分为涪州说和岭南说两种。涪州是今天的重庆涪陵，在古代是蜀中的一部分。岭南即五岭以南，主要包括今天的广西、广东和海南。

　　坚持荔枝涪州说的，主要是宋代人。北宋福建人蔡襄著有《荔枝谱》："唐天宝中，妃子尤爱嗜……长安来于巴蜀，虽曰鲜献，而传置之速，腐烂之余，色香味之存者亡几矣。是生荔枝中国未始见之也。"他认为长安的荔枝来自巴蜀而非岭南，而且路途遥远，荔枝不易保鲜，所以当时中原不可能见到鲜荔枝，言下之意就是贵妃吃的荔枝，也不大可能是鲜的。四川眉山人苏东坡在《荔枝叹》中也说"天宝岁贡取之涪"，认为唐玄宗天宝年间的荔枝来自涪州。

　　涪州荔枝的产地具体在哪里，又是如何送达长安的呢？南宋范成大《妃子园》诗前的小序说："涪陵荔子，天宝所贡，去州数里所有此园。"南宋王象之编著的《舆地纪胜》"涪州古迹目"记载："妃子园在州之西，去城十五里，荔枝百余株，颗肥肉肥，唐杨妃所喜。"

自涪陵到长安的这条道路，被王象之始称为"荔枝路"。从涪州入贡长安，距离约一千公里，仅是岭南到长安路途的一半。坚持荔枝涪州说的人认为岭南离长安太远，运送鲜荔枝不太具有可行性。而从涪州出发走"荔枝路"，按照唐代驿传最高速度日行五百里计算，新鲜荔枝三天即可到达长安，色香味俱在。

离杨贵妃时代比较近的唐代人，则大都坚持荔枝岭南说。

杜甫在诗作《病橘》中写道，"忆昔南海使，奔腾献荔支"。唐代李肇所著《唐国史补》说，"杨贵妃生于蜀，好食荔枝，南海所生，尤胜蜀者，故每岁飞驰以进"。按照李肇的说法，贵妃吃的荔枝来自岭南。荔枝岭南说到了北宋也有支持者。司马光所著《资治通鉴·唐纪》记载："唐玄宗天宝五年，玄宗下诏命岭南驰驿送之长安。"

从岭南向长安进贡荔枝的路线有两条。成书于唐宪宗元和八年（813年），李吉甫所著的《元和郡县图志》说："（南海）西北至上都（长安）取郴州路四千二百一十里，取虔州大庾岭五千二百一十里。"即使皇帝为了运送荔枝不计代价，快马加鞭每天七百里，荔枝从岭南运到长安也需要六七天，早就色香味尽失，怎能博妃子一笑？唐人坚持荔枝南海说，难道是为了达到讽刺效果不惜用词夸张吗？

夸张是有的，但南海的鲜荔枝不一定送不到四五千里外的长安。除了驿寄飞传、保证速度之外，必要的保鲜技术不可或缺。

保鲜的思路之一是竹筒保鲜法。苏东坡的表兄兼好友、北宋画竹名家文同在《谢任泸州师中寄荔枝》诗中说："筠笼包荔子，四角具封印……相前求拆观，颗颗红且润。"文同的好朋友任伋（字师中）在泸州做知州，给他寄了荔枝，孩子们争相拆盒尝鲜，荔枝依然颗颗红润。筠笼即竹制筒盒，是一种用竹制容器密封保鲜的方式。

文同家在四川崇州（今崇庆，在成都附近），泸州到崇州的古驿道约四百公里，民间的普通快递估计得走两三天，看来保鲜效果可以。

在山中砍一个新鲜竹筒，将荔枝连枝取下，装入竹筒，缝隙处用笋壳裹上泥密封起来，可以保存更长时间。这个方法见于明代天启年间福建人徐勃所著的《荔枝谱》："乡人常选鲜红者，于林中择巨竹凿开一穴，置荔节中，仍以竹箨（tuò，笋壳）裹泥封固其隙，借竹生气滋润，可藏至冬春，色香不变。"曾有广东茂名的荔枝种植户验证过这个方法，证明可行。鲜竹筒封装的鲜荔枝，以唐代皇家特快日行七百里计算，从岭南出发到长安需要六七天，不至于腐坏。

保鲜的另一个思路，是连树带果一起运。宋徽宗时，太师蔡京选荔枝栽瓦瓮中，从福建莆田仙游以海船运出湄洲湾，直抵汴京开封。这个故事记载在南宋福建晋江人梁克家所著的《三山志》中："宣和间以小株结实者，置瓦器中，航海至阙下（宫廷）移植。"这种不计成本的办法到了清朝也在用，乾隆皇帝就吃过这样的鲜荔枝，他的《食荔枝有感》小注说："闽中岁进荔枝，多连树木，鲜摘色味绝佳。"这与南宋理宗时谢皇后为了吃到新鲜的桐蕈，"乃并异桐木以致之，旋摘以供馔"的做法有异曲同工之处。宋朝人和清朝人都能想到的方法，抑或唐朝人早就用过。

"一骑红尘妃子笑"的荔枝故事，到了明朝就变成了"千里送鸡枞"。明末秦兰征所著《天启宫词》的第十四首，专写云南的鸡枞："春来保母骤承恩，御膳鸡枞敕赐频。"词的前面有一段小序："客氏既封，奉圣夫人居然自认为天子八母之一。在宫中乘小轿张青纱，盖与妃嫔无异，滇南鸡枞菜价每斤数金。圣性所嗜，尝撤以赐客氏。"客氏是明熹宗的乳母，极受恩宠，所以熹宗用膳的时候，把价值数两黄金的鸡枞撤下来赏赐给她。

这个故事到了清代湘潭人张九钺那里，就和魏忠贤扯上了关系。张九钺三十一岁时曾经送姐夫曾谅臣到云南，品尝过鸡枞，他作有《鸡枞菜》二首，其中一首说："翠笼飞擎驿骑遥，中貂（宦官别称）分赐笑前朝。金盘玉箸成何事，只与山厨伴寂寥。"张九钺自注："明熹宗嗜此菜，滇中岁驰驿以献，惟客魏得分赐，张后不与焉。"明熹宗朱由校爱吃云南鸡枞，每年菌子季节都要从云南用驿传飞驰送到北京，翠笼大概就是竹子一类的保鲜容器。皇帝只分给乳母客氏与权势熏天的魏忠贤，连正宫张皇后都没份儿。

明朝皇帝吃过鸡枞，秦兰征和张九钺如何知道？这就要感谢经历过明熹宗时期的传奇太监刘若愚，他所著的《酌中志》就明确记载，御膳房的食材中有来自滇南的鸡枞。明熹宗所食用的鸡枞，很可能既包括鲜品，也包括"土人盐而脯之，经年可食"的干品，甚至还有"熬液为油"的油鸡枞。

明代云南到北京的路途五千余里，相比唐代岭南到长安，艰难程度有过之而无不及。云南鸡枞进贡北京，大概率走的是杨慎戍滇的路线，即普安道，这是元朝中后期连接湖广与云南的一条重要驿道。

走普安道进云南的路线，自辰州（今湖南沅陵）出发，经沅州（今湖南芷江）、新晃（湖南新晃）、玉屏（贵州玉屏）、镇远（贵州镇远）、偏桥（今贵州施秉）、兴隆（今贵州黄平）、清平（今贵州凯里市炉山镇清平）、平越（今贵州福泉市马场坪）、新添（今贵州贵定）、龙里（贵州龙里）、贵州（今贵州贵阳）、威清（今贵州清镇）、平坝（贵州平坝）、普定（今贵州安顺）、安庄（今贵州镇宁）、关岭（贵州关岭）、查城（今贵州关岭县永宁）、安南（今贵州晴隆）、普安（贵州普安）、亦资孔（今贵州盘州市亦资孔）、平夷（今云南富源）、交水（今云南沾益）、南宁（今云南曲靖）、马龙（云南马龙）、杨林（云南杨林），到达中庆（今云南昆明）。从昆明进京，则反其道而行之。

新鲜采挖的鸡枞尚未开伞，用大竹筒密封起来。竹筒隔绝了水分，但又可以散热和呼吸，存放七八天没有问题。明代驿站大致分为三类——水马驿、急递铺和递运所，如果用快马驿站传递，再用得当的保鲜方法，比如像荔枝那样的竹筒密封保鲜法，七八天时间是可以送到北京而不腐坏的。

云南的鸡枞到了北京，价值每斤数金，这个价格应该包括了快递成本和路途损耗，以及各种采购猫腻的成本。《滇游日记》中，徐

云南集市上的鸡枞菌

霞客在云南保山所买的鲜鸡枞五钱银子六斤，每斤五十二文钱，价格已经不便宜——按照当时保山一带的米价，二十文钱可以让三四个人吃饱饭。徐霞客和明熹宗是同时期的人，这样算起来，明熹宗吃到的鸡枞，较原产地的价格已经翻了至少两千倍，奢侈至极，怪不得后人要写诗讽刺。

从荔枝到鸡枞，千里驿寄的故事背后，是两个帝国信息网络体系和官方物流体系的支撑。有学者推算，盛唐时期从事驿传的工作人员约2万人，其中驿夫17000多人。清代鼎盛时期，全国有驿站2000所，急递铺多达14000所，驿夫7万多人，铺兵4万人。这么多从业人员，保证了整个帝国的信息通畅和物资流转。

"州县以邮传疾走称上意，人马僵毙，相望于道"，南宋谢枋得的《唐诗绝句注解》记述了唐明皇时期，荔枝快递人员为了满足皇帝尝鲜而遭遇的惨状。皇帝为了自己的口腹之欲，劳民伤财，是极不贤明的行为。对这种行为的批评，历代史书都有记载。

其中最著名的是东汉汉和帝时期的临武县令唐羌。《后汉书·孝和孝殇帝纪》记载："旧南海献龙眼、荔支，十里一置（驿站），五里一堠（瞭望堡），奔腾阻险，死者继路。"南海郡为了给皇帝进贡荔枝，弄得人仰马翻，死者不绝于道。唐羌的辖区挨着南海郡，他实在看不下去了，于是上书给汉和帝说，皇帝如果有德不好美食，臣下就不会搜罗进献以邀功。您吃点猪、牛、羊肉就好了，不要老想什么奇珍异果。南海那些地方为了给您进献新鲜龙眼和荔枝，驿夫一路狂奔，有些人更因毒虫、猛兽丧命。您吃起来于心何忍？再说，吃了也不见得延年益寿啊！

《后汉书·孝和孝殇帝纪》专门记载了这个事。唐羌的话，没想到汉和帝居然听进去了。"臣闻上不以滋味为德，下不以贡膳为功。故天子食太牢（牛羊猪三牲）为尊，不以果实为珍。伏见交阯七郡献生（新鲜）龙眼等，鸟惊风发。南州土地，恶虫猛兽不绝于路，至于触犯死亡之害。死者不可复生，来者犹可救也。此二物升殿，未必延年益寿。"后来被贬到惠州的苏轼，"日啖荔枝三百颗"，发誓要"不辞长作岭南人"，还写了一首名作《荔枝叹》，专门赞美了唐羌。

鸡㙡和荔枝有着相似的命运，巧的是，广东地区的人把鸡㙡叫作"荔枝菌"，号称岭南菌王。荔枝成熟和鸡㙡出产的节令差不多，不知道苏东坡有没有吃过被叫作"荔枝菌"的鸡㙡。

03　假如苏东坡在云南

今日人们谈论的苏东坡，已经成为一种文化现象。他的文学成就，他的人生豁达态度，他与美食的传奇，都是人们喜爱他的理由。

但是，苏东坡的下半生过得太苦了。我想，如果他的贬谪之地变成云南，会好很多。比他晚四百五十多年的杨慎，虽然也在干事业的大好壮年，被发配至化外之地云南永昌，但他在生活和心灵上的所遇，比苏东坡好太多。

酷爱美食的东坡，实在是太适合云南了。"天气常如二三月，花枝不断四时春。"东坡如果在云南，可能不太容易生病。这样他就不会自己炼丹服用，也就不容易患上痔疮。他肯定会爱上鸡𰵼，而且按照《本草纲目》的说法，鸡𰵼可以治疗痔疮。要是他能吃上鸡𰵼，简直太好了。

苏轼是公认的美食家，他不但会吃，而且会做菜，甚至自己酿酒。这个美食家，在我看来一半出于天生，另一半则是被逼出来的。经历"乌台诗案"出狱，四十四岁被贬黄州（黄冈）后，他每到一处，不是在为没房子住发愁，就是在为吃饭而发愁。

到黄州不久后，他写信给挚友章惇（当时他们还没反目成仇）："鱼、稻、薪炭颇贱，甚与穷者相宜。然轼平生未尝作活计，子厚所知之。俸人所得，随手辄尽……但禄廪相绝，恐年载间，遂有饥寒之忧。"他有一大家子人要养活，经常捉襟见肘。

黄州当地的物价极低，对穷人很友好。但是苏轼不善理财，没有多少存款，而且成为罪臣后，俸禄也没了。为了全家人的生计，他只能在黄冈东城门外一块布满瓦砾的荒地上，和家人一起开荒、种地，还请了当地的朋友帮忙。种了麦子种稻子；种了桑树、枣树、板栗树、柑橘树，又种了茶树。为了耕地养耕牛，还养了獐鹿。没有合适的住所，苏轼又自己造房子。因为喜欢唐代白居易及其"东坡诗"，苏轼便给这块乡野之地起名为"东坡"，自称"东坡居士"。

从黄州开始，东坡的贬谪之地离权力中心汴京（开封）越来越远。在广东惠州和海南，造房子和种菜吃的内容，时常见于他的诗文。黄州"羊肉如北方，猪牛獐鹿如土，鱼蟹不论钱"，他尤爱猪肉，发明了东坡肉；淡水鱼也是他所爱，他做的东坡鱼羹极受欢迎。在惠州，他发明了炙烤羊蝎子的吃法。在海南，东坡父子用山芋做"玉糁羹"，色香味皆绝。日子虽然不顺，甚至称得上艰难，但是东坡没有失去对生活的热爱。美食是东坡对生活的寄托，也是生活回馈给他的心灵安慰。

与东坡相比，杨慎在很多方面要比他幸运。杨慎和苏轼的经历有很多相似之处。两个人是四川老乡，一个是新都（今属成都）人，一个是眉山人。两个人都才高八斗，出场高光，一个是状元，一个是榜眼。两个人的命运，都是壮年遭贬谪，杨慎三十七岁被发配云南，苏轼四十四岁被贬谪黄州。两个人的结局，都是客死他乡，杨慎在永昌离世，苏轼病故于常州。

早就有人将杨慎和东坡放到一起比较过，比如晚明时期的大思想家李贽。李贽曾在云南姚安做过三年知府，最后挂印辞官而去。他十分推崇杨慎，在《续焚书》之《读〈升庵集〉》一篇中，将杨慎与李白、苏轼并称为天府"三仙"：李谪仙、苏坡仙、杨戍仙。杨戍仙自己对苏坡仙的评价也非常高，认为他是宋代诗祖，文章妙天下。杨慎广为流传的名作《临江仙》能看出些许苏东坡《念奴娇·赤壁怀古》的影子。

然而他们的人生，因为贬谪之地不同而有了不同的色调。我想，如果他们俩换一下身份，让苏东坡穿越到明朝，将他的贬谪之地变成云南会如何？或者宋太祖争点气，将云南纳入版图，如后来明太祖朱元璋那样，苏轼的人生底色是否会有一些不同？

我相信会有不同。因为云南的山川、云南的菌子，曾经抚慰了杨慎、徐霞客、汪曾祺和阿城的肠胃及心灵，这种抚慰也一定能给予东坡。况且东坡要是在云南，一定不会愁吃愁住，还能发明更多的东坡菜，至少可以将几十种美味的菌子吃个遍。

苏东坡生活的时代，大理国是个相对独立的政权。苏轼作为大宋的官员，其贬谪之地只能是大宋的国土。虽然写过"金马碧鸡"的诗，但他没有到过云南，我觉得是个遗憾。"似知金马客，时梦碧鸡坊。"金马碧鸡通常是昆明的代名词（金马指滇池神驹，碧鸡指孔雀），难道苏东坡曾经去过？其实唐宋时期，成都就有金马碧鸡坊。成都的金马碧鸡坊，据考证也源自云南的金马碧鸡传说。南宋诗人陆游在成都时经常到碧鸡坊赏花，人们叫他海棠花痴："走马碧鸡坊里去，市人唤作海棠颠。"巧的是，他俩都喜欢吃菌子（确切地说是香蕈）。

如果在云南，东坡将不再过得捉襟见肘，不会再为居住之所和粮食、蔬菜发愁。在云南，会有很多人帮助他，这一点，看一看杨慎在云南的待遇和受欢迎程度就知道了。作为被嘉靖皇帝放弃的边陲戍卒，杨慎虽然也经常被监视，但云南黔国公沐家和当地的主政者，将他视为座上宾。以东坡的为人和才学，以及他与人为善、平易近人的处世之道，一定也能像杨慎那样被对待。

东坡曾说，"江山风月，本无常主，闲者便是主人"。命运让大才之人闲下来，把他们驱往江湖天地间与化外之地，也许就是要让他们做江山风月的主人。杨慎到了云南，如鸢飞于天、龙归大海，留下了很多著作。"迟日江山丽，春风花草香"，东坡如果在云南，也许会幸福许多。

东坡是吃过菌子的，尤其是香蕈。"蓼茸蒿笋试春盘"，他喜爱的香蕈和笋，在诗作中总是一起出现。他在杭州与朋友张中舍的唱和之作《越州张中舍寿乐堂》中写道："笋如玉箸楂如簪，强饮且为山作主。""楂"即"蕈"的方言同音字，指香蕈（菇）。北宋神宗熙宁十年（1077年），他在徐州做知州时，他的好朋友、高僧参寥从杭州来看他。10月的徐州，蔬菜瓜果都没了，恰好园中的构树长出了黄耳蕈。他在《与参寥师行园中得黄耳蕈》中写道："老楮（构树）忽生黄耳蕈，故人兼致白芽姜。"

大诗人陆游也喜欢吃菌子，写过不少关于黄耳蕈的诗。《野馈》中说："黄耳蕈生斋钵富，白头韭出客盘新。"另一首《对食作》曰："黄耳蕈生殊自喜，白头韭长复何求。"《秋思》曰："后园楮蕈已堪烹。"根据《吴蕈谱》作者吴林的考证，黄耳蕈就是榖树蕈：形瘦而小，高脚薄口，不作伞张，质纯黄如沉香色，味鲜，作羹微韧，而且可以利用榖树——也就是楮（构）树进行人工栽培。据此描述，黄耳蕈比较接近野生香菇，即香蕈。香菇配上白芽嫩姜一起炒，正是招待朋友的一盘好菜。

香蕈/野生香菇，梅紫苏昆布茶摄（日本）

云南的菌子，比起徐州的黄耳蕈（香蕈）来，种类多太多，也好吃太多了。各种美味的菌子，按黄庭坚的说法，"白鹅截掌鳖解甲"。惊雷过后，山间的菌子纷纷破土而出，菌味之美连白鹅掌和鳖甲都可以扔在一边。东坡自"乌台诗案"身陷牢狱，体会过"人为刀俎，我为鱼肉"的感觉后，就更偏爱素食。云南野生的菌子似肉实素，各种各样的菌子一定非常适合他的口味。

人间有味是清欢。也许东坡会像作《荔枝叹》《老饕赋》那样，写下《鸡枞叹》《菌子赋》。这些美丽又美味的菌子，天生就是为他这样的老饕准备的。

04　松露与猪拱菌

松露有悠久的食用历史。四千年前的古巴比伦文明时期，两河流域的美索不达米亚平原就有人类食用沙漠块菌（Terfezia）的记载。一块泥板专门记录了某位儿童向国王进献 Terfezia 的故事——来自阿拉伯的 Terfezia 可能就是松露。古罗马神学家圣奥古斯丁曾经记载，四世纪，萨珊王朝时期的摩尼教徒喜欢用松露填饱肚子。

虽然两河流域的人们最先食用并记载了松露，但松露在人类饮食历史及餐桌上的地位，是欧洲人，尤其是古罗马人和法国人确立的。欧洲最早的食谱著作《论烹饪的艺术》（De re coquinaria），由古罗马美食家阿比修斯完成于四至五世纪，其中记载了关于松露的六种食谱，当然，这些食谱的流传时间可能还要更早。

到了十九世纪，法国著名美食家布里亚-萨瓦兰在其出版于1825年的传世名作《厨房里的哲学家》一书中，将松露誉为"厨房里的钻石"。布里亚-萨瓦兰十分喜爱松露，在他看来，若没有松露，世界上就没有真正的美食。伴随着《厨房里的哲学家》的畅销不衰，松露的美名也享誉世界，与鹅肝、鱼子酱并称为世界三大珍馐。

松露有这么高的地位，除了稀有的产量、独特的香气和口感，还因为其在欧洲，长久以来被赋予的独特意义。布里亚-萨瓦兰曾经对松露深受喜爱的深层原因进行了探索。在他看来，松露的物质成分不足以使它享有如此殊荣，其中的奥秘在于：有一种普遍的观念认为，松露是爱情食品。

这种观念在欧洲古已有之。据著名民族真菌学家瓦莲京娜·帕

成熟的云南黑松露

欧洲白松露

夫洛夫娜·沃森的研究，松露的英文truffle、法文truffe、意大利文tartufo、西班牙文trufa，都源自拉丁文tuber，意为地下块茎。在西班牙语中，与trufa相关、表示地下块茎的另一个单词turma，则可能来自前罗马时代，有松露和睾丸之义；其词根"tu"与拉丁文tuber来源相同，所以松露在西班牙又被称作"earth's testicles"，即大地的睾丸。沃森从词源和语言发展演变的角度，揭示了松露和生殖，以及"爱情助攻美食"名号的关联及渊源。

实际上，这与松露的生长和采摘方式有关。作为块菌的一种，松露生长在地下，其菌丝与松树、橡树、榛树、椴树、榉树、桦树、白杨等树木形成共生关系，对环境的要求十分苛刻，目前还无法实现有序的人工种植。松露的采摘，在很长一段时间内都只能依靠松露猎手：母猪或训练过的狗。松露成熟后会散发出一种独特的芳香，这种芳香源于一种名为雄烯酮的分子，这种物质正好是公猪身上的一种激素。母猪之所以能成为寻找松露的能手，正是因为松露中含有这种物质。这解释了松露被称为猪拱菌的原因，也解释了松露为何自古罗马时代起就成为爱情助攻食品。

松露因其独特的香气和睾丸一样的外形，长久以来在欧洲被视为春药。正因如此，到了禁欲主义盛行的欧洲中世纪时期，松露被宗教审判庭禁止使用。

松露营养丰富，食后令人愉悦，还可以激发热情。盖伦就很喜欢它。它经常出现在声色之徒和贵族们那些肉欲横流的餐桌上，在他们需要时，为他们发挥催情的功效。若是为了生育繁殖而食用松露，这是值得赞许的；如果吃它仅仅是为了满足放荡之举，就好像许多无所事事却又毫无节制的人习惯的那样，就实在是可憎可恶了。

这是欧洲早期正式出版的烹饪书籍《论正确的快乐与良好的健康》（*De honesta voluptate et valetudine*）的作者普拉蒂纳对松露的论述，代表了那个时代宗教界对松露的认知及态度。普拉蒂纳即梵蒂冈图书馆第一任馆长萨基，该书出版于1472年，正值欧洲文艺复兴时期。这本书是达·芬奇藏书里唯一的美食类书籍，鉴于意大利皮埃蒙特出产著名的白松露，我想达·芬奇大概率是吃过松露的。

虽然松露的芳香吸引着母猪，但对人类来说，"松露并非真的春药，不过在某些情况下，松露的确可使女性更为迷人，男性更加殷勤"，布里亚-萨瓦兰在《厨房里的哲学家》中，用了很大的篇幅来驳斥松露是春药的说法。

文艺复兴之后的十六世纪（此时中国的主流文献也开始记载鸡枞，比如张志淳《南园漫录》中对云南保山鸡枞的描述），松露在欧洲才又慢慢风靡起来，在十九世纪初达到了顶峰。我们可以看看布里亚-萨瓦兰的描述：

> 松露的复兴是最近的事……甚至可以说，当前这代人就在见证它。在1780年之前，巴黎几乎见不到松露的身影，量也很少，只有在美洲大酒店和普罗旺斯酒店才能找到。松露填充的火鸡是极奢侈之物，只有在大人物的餐桌上，抑或被包养的情妇家里才能找到……在我写下这些文字的时候（1825年），人们可以说松露的声誉仍在其巅峰。

布里亚-萨瓦兰时代的法国，松露极受欢迎，以至于搜寻松露成了一门新兴的职业，有很多从事松露采集和贸易的人，共同经历了这场流行。这是松露在欧洲饮食及文化历史上的一个缩影。可以说，食用松露的历史，基本就是欧洲的文明史。与布里亚－萨瓦兰同时代的拿破仑也是松露的爱好者。这位法兰西第一帝国皇帝最爱的一道菜是松露烤火鸡，布里亚－萨瓦兰在书中称其为"极奢侈之物"，它现在仍然是法国人为贵客准备的一道传统法餐。由于松露价格昂贵，很多时候会用牛肝菌作为其替代品。

成为欧洲餐桌钻石以来的很长时间内，松露在中国云南楚雄永仁和四川攀枝花主产区，却被叫作猪拱菌或无娘果。因为离中原文明实在太远，远到没有人认识它、描述它、记录它，在中国历代主流典籍中，松露缺席了很久。不过，在云南楚雄永仁县当地的彝族故事中，食用松露的记载可以追溯到660年。传说永仁县直苴村的彝族先祖——两名猎手朝里若和朝拉若兄弟，在追赶野猪的时候发现了猪拱菌。一千多年来，这样的故事仅在当地流传，不为更广阔的世界所知。

欧洲松露的主要产区，包括西班牙、意大利和法国，都是地中海沿岸的国家，也是欧洲文明的主要区域，所以松露在欧洲的文献中，拥有了比中国多得多的记载，也在欧洲饮食文化中扮演了重要的角色，拥有极高的声誉。中国松露因为长在西南深山人不识，其地位和声誉让给了灵芝，一种神奇、美丽、有用却不好吃的菌类。只有到了明清之后，中国西南的菌子才靠鸡枞勉强挽回了一些声誉。

事实上，直到二十世纪九十年代，科学家才真正确认"黑松露"在中国的存在。中科院昆明植物研究所的研究表明，这种黑松露的中文正式名叫印度块菌（ *Tuber indicum* ），与法国的黑孢松露虽然不属于同一个种，但基因图谱分析显示，二者的相似度达到96%以上。在系统发育的谱系上，它们是相邻的结果，属于姊妹关系。

从世界范围来看，黑松露主要分布在欧洲阿尔卑斯山脉及亚洲喜马拉雅山脉周边的云南、西藏等少数地区，以及四川省攀枝花市盐边县周边的攀西地区，目前这几个产区的黑松露产量占到世界80%以上。其他地方，如西班牙特鲁埃尔、美国俄勒冈州以及澳大利亚，也有少量黑松露出产。

普罗旺斯是法国最重要的黑松露产地，产量占法国的80%，其北部的特立卡斯坦每年有上万公斤的产量。法国佩里戈尔的黑松露久负盛名，在十九世纪末取代普罗旺斯黑松露，几乎成为松露的代名词。意大利皮埃蒙特地区的阿尔巴则盛产白松露。西班牙特鲁埃尔地区也产松露，虽然名气没那么大，但松露也是该产区的重要经济来源。

在中国，松露的产地主要集中在金沙江流域：以云南楚雄永仁县、四川攀枝花为中心，方圆二百公里范围内的地区。成熟的中国松露，品质不亚于欧洲松露。二十世纪九十年代以来，伴随着重新发现和被认识，昔日的"猪拱菌"变成了珍贵的黑松露，近年来因大范围的无序和过早采摘，面临着极大的危机。为了加强野生松露资源的保护，维护中国松露的品质和形象，实现松露资源的可持续利用，2020年12月，云南松露界签署了《保护中国松露公约》，明确每年立冬至次年3月方可采挖松露。

中国松露的主产区之一——云南楚雄永仁县离我的家乡约一百四十公里，但离开老家到北京生活十几年之后，我才知道松露的存在，才品尝过松露的味道。这是一个很有意思的现象。在被更多的人认识和发现以前，松露就静静地躺在泥土里，成为动物们的食物；在进入文明史和文化史之前，它与森林里的树木互相依存共生。也许在古巴比伦人和古罗马人发现它并让它成为"厨房里的钻石"之前，也是如此吧。

05 松茸的故事

松茸的故事，与松露有些相似，但又大为不同。二十世纪九十年代之前，在云南香格里拉，松茸虽然常见却没有正式的名字，被称为"臭鸡枞"。在我的老家楚雄，我记得舅舅将松茸称作"药鸡枞"。这种感觉，就好像《红楼梦》里有点脸面和地位的女性用人，被称为"××家的"那样。虽然没有正式名字，但是云南人民注意到了松茸独特的气味，要么觉得它臭，要么觉得它有股药味，总之不是很喜欢。相比之下，古代朝鲜半岛和日本列岛的人们，却很喜欢这个味道。

关于松茸的最早文字记载，可能出自八世纪的日本诗人。在成书于日本奈良时期（相当于中国的盛唐及中唐时期）的《万叶集》中，人们对松茸尽情歌咏："高松岭狭茸伞立，林间满盛秋之香。"从那时起，松茸因特有的芬香而被视为对秋天的礼赞——"秋之香"从此成为日本重要的文化符号。松茸的英文名matsutake就源自日语。秋天采松茸的重要性堪比春天的赏樱大会，是日本重要的文化及民俗活动。从奈良时期起，日本贵族与僧侣流行秋季去林间采撷松茸，这样的雅兴被称为"松茸狩"；甚至在秋游前，会有农人将松茸移栽到贵族途经之处，供他们"采摘"。

1836年，日本博物学家毛利元寿创作了工笔画册《梅园菌谱》，描绘了江户地区常见的菌类共一百五十九种，其中木蕈类（长在木头上的菌子）三十九种，地蕈类（长在地上的菌子）一百二十种。他在序言里介绍了自己创作这部菌谱的出发点：

本邦所产其菌不少，夫菌皆湿热郁蒸之气所生焉，有佳美者，有不佳者。至其有大毒，则既杀人，不可有不辨。宋陈仁玉《菌谱》、李氏《纲目》及各品虽尽，又不载者多。故予采而辑其余种。近乡原野山林，游履所及，则无不探，采之所得者，必当著图以写其真，录味说形状其名。恐有误，故以俟后之名子已。

根据《梅园菌谱》的序言内容以及正文对菌子的描述，毛利元寿读过南宋末年陈仁玉所著的《菌谱》、明代李时珍的《本草纲目》、潘之恒的《广菌谱》，还有清代的《吴蕈谱》。据说毛利元寿是一位俸禄三百石的幕臣，在他的画册里，松茸（他用了松蕈这个名字）被列为地蕈类第一，并且配上了准确而精美的写真图。松茸在日本拥有如此高的地位，与日本历史上皇家及贵族阶层对松茸的喜爱和推崇有关。

除了日本，朝鲜半岛也出产松茸，对松茸的记载也较为丰富。

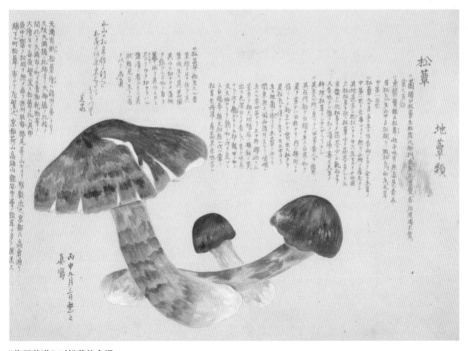

《梅园菌谱》对松茸的介绍

在韩国旅游发展局的官网上，有这么一段介绍："在（韩国庆尚北道蔚珍郡）金刚松林的磨砂土中，迎着海风生长的松茸味道浓郁、表皮坚实、品质优良，产量名列韩国第一。根据《东医宝鉴》记载，松茸虽汲取松树的养分长成，却无任何毒性，味道香甜，香味浓郁，是蘑菇中的极品。"

松茸在朝鲜半岛的主产区，是首尔东北部的江原道地区。十五世纪的朝鲜世宗王实录，表明当时江原道等30多个地区都曾盛产松茸。《东医宝鉴》的成书时间略晚于李时珍的《本草纲目》，为朝鲜李氏王朝医家许浚于1610年编纂，辑录我国明代以前医籍分类而成，内容宏富，在朝鲜医家所编的汉方医著中最负盛名。其中卷二十三记载："松耳（茸）性平味甘，无毒，味甚香美，有松气，生山中古松树下，假松气而生，木茸中第一也。"

《东医宝鉴》的这段记载，被毛利元寿的《梅园菌谱》原封不动地用在了对松茸的介绍上。除了《东医宝鉴》，毛利元寿还引用了陈仁玉《菌谱》中对松蕈的介绍："《菌谱》曰松蕈生松阴，凡物松出，无不可爱者，治溲浊不禁，食之有效。"

实际上，我们根据这段描述，很难判断陈仁玉所写的松蕈是不是松茸，但我觉得大概率不是。因为陈仁玉的家乡浙江台州并不具备产松茸的条件。恰好《吴蕈谱》也收录了苏州地区所产松蕈的介绍，他的描述包含形状、味道、时间和颜色："卷沿深褶，味甘如糖，故名糖蕈；四月产者名青草糖蕈，八月产者名西风糖蕈；采久或手挠之作铜青色。"松茸吃起来确实发甜，但生长的时间、地点、颜色特征与松茸都对不上。尤其"手挠之作铜青色"这个描述，更贴近松乳菇和铜绿菌。苏州的气候和台州比较接近，陈仁玉所记载的松蕈，大概率是松乳菇。

当然，陈仁玉对松蕈的描述，放在松茸身上也可接受，因为他的描述很概括。毛利元寿《梅园菌谱》的可贵之处，是在文字之外，以细致的彩色工笔画，留下了江户地区的菌子图谱。如果陈仁玉、潘之恒和吴林能够像毛利元寿一样，给自己的菌谱配上插图，我们就不用费大力气进行考证了。

通常文献里出现某物种翔实记载的前提是，该物种进入了主流文化观察者的视野和日常生活，这个条件对于中国出产的松茸而言是不具备的，无论是东北的长白山，还是西南的滇藏川产区，松茸离主流文化圈都太远了。在松茸进入朝鲜半岛和日本历史及文化典籍的一千多年中，中国西南的松茸一直默默无名。

而在日本，松茸几乎成为一种文化符号。了解法国可以不通过松露，但你不能不通过松茸了解日本。据报道，松茸是1945年广岛被原子弹摧毁后，最先从废墟里长出来的生物。在这个故事的加持下，在奈良时代的一千多年后，日本对松茸的巨大需求在二十世纪九十年代的中国西南地区，引发了一轮持久不衰的松茸采摘浪潮，由此形成了重要的全球松茸产业链。"臭鸡枞""药鸡枞"变成了金贵的松茸，并成为西南所产野生菌中第一个被进行标准化分级的品类。松茸未开伞为最佳，半开伞（HA级）次之，全开伞（HB级）再次之。

据官方统计，云南的松茸产量（600～700吨）占全国的70%，出口量占全国的50%，每年创汇5000多万美元。云南松茸出口的主要市场就是日本，占到日本进口量的90%。这些数字背后，是无数消费者，也是几十万从业者。

松茸由此成为观察全球资本主义产业链的良好样本。美国人类学家罗安清的《末日松茸》一书，就是这样一本著作。作者从她对松茸的香气记忆和采摘经历开始，考察了北欧、美国、中国云

菌子市场待售的松茸，王庚申摄

南和日本松茸猎人的生活以及全球松茸贸易链，引人深思地探讨了人与环境、历史和文化的关系以及可持续发展的问题。

在云南、西藏和四川甘孜，从事松茸采摘和贸易的人，也成为

这个宏大命题的一部分。著名作家阿来还专门创作了一部小说《蘑菇圈》，讲述藏族阿妈斯炯一辈子珍藏、守护松茸蘑菇圈的故事——

阿妈斯炯发现了一个松茸蘑菇圈。一开始除了羊肚菌，蘑菇都没有自己的名字，最多为了区分品种，把青杠林中长的蘑菇叫作青杠蘑菇，把生在杉树林中的蘑菇叫作杉树蘑菇。松茸也没有自己的名字，和其他蘑菇，比如羊肚菌一样，虽然好吃但是都不值钱。突然有一天，收购松茸的人开着车来到村子里，阿妈斯炯的秘密基地——蘑菇圈里的菌子，三十二朵就卖了四百多块钱。从此她记住了"松茸"这个名字。这个名字的分量几乎等同于蘑菇，因为它要被卖到日本，成为日本餐桌上的"神菌"。

在故事里，松茸不仅是美味的食材，也是温暖的回忆，更是人性的美好。《蘑菇圈》获得了第七届鲁迅文学奖，阿来在获奖感言中如是说："文学更重要之点在人生况味，在人性的晦暗或明亮，在多变的尘世带给我们的强烈命运之感，在生命的坚韧与情感的深厚。我愿意写出生命所经历的磨难、罪过、悲苦，但我更愿意写出经历过这一切后人性的温暖。就像我的主人公所护持的生生不息的蘑菇圈。以善的发心，以美的形式，追求浮华世相下人性的真相。"

这段感言引人深思。和《末日松茸》一样，《蘑菇圈》所探讨的命题，似乎也是每一个现代人都会遇到的命题。阿来讲述的故事，已经发生了上千年，现在在发生，未来也会发生。松茸和其他野生菌一样，已经成为写入人类历史、文化和生活记忆的山野精灵。

06 菌子与毒药

人类对食物的选择一定经历了一个漫长而艰辛的过程，其间还伴随着巨大的牺牲，而那些有毒但经过恰当处理及烹饪后无比美味的食物，可以看作对这一过程的额外奖赏，比如牛肝菌家族的见手青，又如河豚。在面对不熟悉但美味的食物时，一些人选择敬而远之，另一些人选择大胆尝试。我们要感谢后一类人，是他们丰富了人类的食谱，增加了我们可选择的美味。

河豚是有名的美味珍馐，既有鱼类的鲜嫩，又有豚肉的腴厚，尤其腹内有膏而色白，被称为"西施乳"。虽然肉质鲜美，但河豚卵巢、肝脏、肾脏、眼睛、血液中含有剧毒的河豚毒素，处理不当或误食，容易引发悲剧。这与河豚作为洄游鱼类的生活习性有关，它们生活在江河入海口处，每年春天溯江而上，四五月间在淡水中完成产卵，之后游回海洋。据研究，河豚毒素也存在于很多海洋动物体内，河豚体内的毒素主要来自河豚入海之后的食物链，而入海前的河豚毒素较少。

虽然有毒，但中国古人很早就掌握了加工、烹饪河豚的技术和方法。成书于先秦时代的《山海经》就已经记载了河豚及毒性。在唐宋时期的诗文中，关于人们食用河豚的描写逐渐多了起来，最著名的是宋代苏东坡的《惠崇春江晚景》："蒌蒿满地芦芽短，正是河豚欲上时。"苏东坡在常州的时候，曾受邀去一户人家吃河豚。吃完后，他留下了四个字的经典评价："也值一死！"

清代大学问家赵翼在云南昆明路南吃鸡枞时，心情和苏东坡当年在常州吃河豚是一样的。赵翼正好是常州人，自然熟悉河豚，也了解"东坡冒死食河豚"的典故。鸡枞本来无毒，就算他初到昆明不熟悉云南的菌子，定然也知道野生菌毒死人的故事，所以他在《路南州食鸡枞》里写道："今我所食毋乃是，一笑姑听之，古人有言纵食河鲀值一死。"赵翼以东坡冒死食河豚的心态，吃了一顿鸡枞大餐，还发了一顿感慨："老饕惊叹得未有，异哉此鸡是何族？"他觉得鸡枞比西施乳——河豚腹肉好吃太多了。

有毒的野生菌，在不熟悉的情况下绝对不要食用，这是基本常识。在云南野生菌中的牛肝菌家族里，有一类带毒素的，俗称见手青，却是美味。见手青很独特，包括红牛肝菌、黑牛肝菌、拟血红新牛肝菌、玫黄黄肉牛肝菌等十几种，共同的特征是受伤会逐渐变成蓝色，云南人称为"××过"，如果生食或加工没有熟透，会导致幻视和呕吐的中毒症状，但是充分加热、毒素被高温分解后，就会成为罕见的美味。

安全食用见手青，需要熟悉这些菌子的老手进行判断，采摘回来清洗干净以后，切成薄片，放辣椒和猪油爆炒二十分钟，或者将切好的见手青用热水焯过之后再爆炒，会更安全。因为富含天然氨基酸，见手青爆炒之后，口感爽滑脆嫩，其味鲜美胜肉。虽然有毒性，但经过人类勇气和智慧的加持，就变成了世间美味，这是见手青与河豚的类似之处。《吴蕈谱》的作者吴林，把两者放到了一起进行类比："余谓鲦鲐（hóu tái，河豚古称）与鲜菌皆有毒。"区别就在于见手青的毒素加热以后会分解，河豚毒素则不能分解，所以宰杀时需要将河豚的含毒部位清理干净，烹饪河豚也需要专业的河豚厨师。

还有一大类菌子的毒性堪比河豚，那就是鹅膏菌家族的毒菌三剑客——毒鹅膏、白鹅膏和鳞柄白鹅膏。其中最著名的是有着浅绿色菌盖的毒鹅膏菌，它在古罗马时期曾被作为宫廷权力斗争的谋杀道具。

克劳狄一世是罗马帝国朱里亚·克劳狄王朝的第四任皇帝，公元41—54年在位（中国正处于东汉光武帝时期）。他特别爱吃橙盖鹅膏菌——这种美味蘑菇曾经是古罗马皇帝恺撒的最爱，因此又叫恺撒菇。公元54年10月12日下午两点半左右，克劳狄一世参加了一场持续到晚上的宫廷家宴，在宴会上，他像往常一样吃了一盘美味的恺撒菇。当天夜里，他出现了中毒症状，第二天中午便不治身亡。他的继子——十七岁的尼禄继承了皇位。

在《蘑菇、俄国及历史》一书中，作者瓦莲京娜·帕夫洛夫娜·沃森通过各个历史时期的文本分析及比对，为我们还原了一千九百多年前那场惊心动魄的毒蘑菇宫廷谋杀事件的更多细节。

用煎锅烹饪的恺撒菇（橙盖鹅膏菌）

克劳狄一世的妻子——尼禄的母亲小阿格里皮娜，买通了经验丰富的女药剂师和太监。女药剂师负责选择并提供毒药：毒性的发作既不能太突然，又不能太漫长——太突然容易引人怀疑，太漫长则会阴谋败露。太监负责在给皇帝上菜的时候，把毒药混在其中。根据时令、皇帝的饮食习惯、下毒之人达到目的的手段和保护自己的要求，满足所有

导致克劳狄一世身亡的毒鹅膏

条件的候选毒药只有毒鹅膏菌，它会让中毒者的肝脏受损，并在一周左右的时间里慢慢死亡。在罗马，10月正是恺撒菇和毒鹅膏菌出产的季节，而且毒鹅膏菌炒熟之后，吃起来和恺撒菇一样美味。克劳狄一世所吃的那盘恺撒菇里的毒药，正是致命的毒鹅膏菌。毒鹅膏菌的毒素叫鹅膏环肽，中毒后会导致急性肠胃炎和肝损害，其毒性基本无解。

皇帝妻子小阿格里皮娜的计划实施得很顺利。然而，克劳狄一世因为饮酒过度而呕吐，毒鹅膏菌没来得及发挥太多作用。这种情况完全不在计划之内，于是皇后惊慌之余决定再下狠手。这个时候，一位名叫色诺芬的医生出场了，他趁着给克劳狄一世治病的时机，给可怜的皇帝用了大剂量的药西瓜。这是一种在当时的罗马比较常

见的药物，小剂量导泻，大剂量则要命。就这样，在妻子的不懈努力下，克劳狄一世终于一命呜呼。她痛下杀手，是为了让自己的儿子尼禄继位，因为皇帝生前更喜欢自己的亲生儿子，而非继子尼禄。

瓦莲京娜·帕夫洛夫娜·沃森的考证和分析有理有据，精彩无比。她是一个热爱蘑菇的人、一个医生、一个毒理学的业余爱好者，这三重身份使她的分析具有很高的可信度。

毒鹅膏菌的第二次重要出场，是在十八世纪的神圣罗马帝国。法国著名作家伏尔泰在他的回忆录里写道，一盘蘑菇改变了欧洲的命运。伏尔泰说的正是神圣罗马帝国的国王查理六世，因为吃了一盘油焖蘑菇，出现了肠胃中毒的症状，十天后不治身亡。查理六世的中毒症状与毒鹅膏菌／致命鹅膏的中毒症状吻合。他的离世引发了奥地利王位之争，欧洲版图自此改变。

正如河豚毒素不仅存在于河豚体内一样，鹅膏毒环肽不仅存在于毒鹅膏菌中，还存在于鹅膏菌属、盔孢伞属和环柄菇属的数十种菌子中，其根源在于基因水平转移。这是如何发生的呢？中国科学院昆明植物研究所的进化分析表明，产生鹅膏毒环肽的基因在很久以前发生了物种间的水平转移，未知的古老真菌物种作为供体，分别将该基因传递给了这些菌类。在漫长的进化过程中，鹅膏属毒菌成为其中的佼佼者，其产毒能力提升了万倍，炼成了当之无愧的蘑菇毒王。正因如此，毒鹅膏菌成了两次改变历史进程的有名菌类。

鹅膏属是菌子中的一个大类，其中也有无毒可食用的种类，如著名的恺撒菇（橙盖鹅膏菌），以及我老家常见的中华鹅膏菌（麻母鸡）。但是，正因为大多数知名的致命毒菌都是鹅膏菌家族的成员，它们之间的差别，就算拾菌老手都很难准确区分。所以我小时候上山拾菌子的策略，是遇到鹅膏属的菌子完全弃置不顾，毕竟还有那么多好辨认且可食用的菌子，比如牛肝菌，又如其中的见手青。

关于食用菌类中毒的掌故，历史上还有一段著名的公案，那就是佛陀到底是因为吃了什么而身故的。根据佛教典籍的记载：公元前五世纪的一天，八十多岁的佛陀和比丘僧众来到了波婆城——今印度北部拘尸那罗以东十五公里的卡西亚村，接受了铁匠纯陀的供养。根据巴利文（古印度中部一带的方言，也是佛陀当年说法时所用的语言）的记载，当天佛陀的餐食中就有珍贵的 Sūkara-maddava。佛陀告诉纯陀，Sūkara-maddava 只能给自己食用，不能给其他比丘弟子吃。没想到吃了之后，本来身患痢疾的佛陀病情加重，第二天就身故涅槃。佛陀涅槃前最后一餐吃的 Sūkara-maddava 到底是什么？两千年来，学者一直在争论。巴利文中的 Sūkara 意为猪，maddava 意为美味，佛经的中文译本将其译为旃（zhān）檀树茸（檀香树下的菌子，有人认为是毒蘑菇），也有人据字面意思解释为猪肉干（如季羡林），总之没有定论。在我看来，首先可以排除猪肉干，如果是猪肉干，佛陀没必要刻意叮嘱纯陀只能给自己吃，他一定是觉得这种珍贵的食物可能存在风险。

巴利文与拉丁文同属古印欧语系，参照同时期的拉丁文来探求其具体含义也许是一个可行的办法。巴利文中的 Sūkara 与拉丁文的 sus、英文的 swine（猪）同源；罗马人在拉丁语中就将美味牛肝菌称为 suillus，也叫猪蘑菇（swine-mushroom）；美味牛肝菌的意大利语名字"Porcino"，意思也是猪蘑菇。巴利文中的 maddava 意为珍味，Sūkara-maddava 就是美味猪蘑菇之意（不一定是美味牛肝菌，很可能是有微毒的乳牛肝菌属）。牛肝菌在新鲜状态下烹饪时，会有一种油腻的质地，让人联想到猪肉；晒干的牛肝菌吃起来像肉干，这就很好地解释了 Sūkara-maddava 其实是一种牛肝菌。褐环乳牛肝菌（*Suillus luteus*）有微毒，体质不好的人食用后会拉肚子，何况八十多岁的佛陀本来就患有痢疾，所以吃了乳牛肝菌导致病情加重，以致寂灭涅槃。美味牛肝菌中的鹅膏毒素虽然含量极少，但可能是压垮体质虚弱老人的最后一根稻草。恰好这两种牛肝菌，在全世界包括印度北部都有分布。

07　菌子的味觉生理学

张季鹰辟齐王东曹掾，在洛，见秋风起，因思吴中菰菜羹、鲈鱼脍，曰："人生贵得适意尔，何能羁宦数千里以要名爵！"遂命驾便归。——《世说新语·识鉴》

味觉敏感和发达的人是幸福的，因为他们舌头上的味觉感受器——味蕾比别人多两三倍。他们甚至无须依赖其他乐趣，只要有口好吃的，就可以无比满足。

"说到'鲜'，食遍全世界，我觉得最鲜的还是中国云南的鸡𪢮菌。用这种菌做汤，其实极危险，因为你会贪鲜，喝到胀死。我怀疑这种菌里含有什么物质，能完全麻痹我们脑里面下视丘中的拒食中枢，所以才会喝到胀死还想喝。"这是著名作家阿城到美国洛杉矶之后在《思乡与蛋白酶》一文中，对自己青年时代在云南西双版纳吃过的鲜美味道的回忆。鸡𪢮被汪曾祺誉为云南"菌中之王"，怎一个"鲜"字了得。而鲜，正是人体所能感受到的六味之一。很多食品都含有鲜味物质，菌子尤甚。从生理角度而言，人们常说的

真根蚁巢伞（鸡𪢮），王庚申摄

六味，即甜、鲜、脂、咸、苦、酸，有赖于我们味蕾中的六种味觉感受器——它们对原始人类的生存有着十分重要的意义，也在很大程度上影响了现代人对食物的偏好。

这六种味觉，是人类在漫长进化过程中逐步建立起来的食物筛选安全机制。甜意味着高能量的碳水化合物；鲜意味着容易释放游离氨基酸和核苷酸的蛋白质，而蛋白质是生命的物质基础；脂意味着富含能量和营养的脂肪；咸意味着参与人体代谢功能的钠离子、氯离子电解质；苦意味着有毒的生物碱；酸通常意味着不成熟或腐坏变质的食物。

除了味觉，嗅觉也很重要。在品尝食物的时候，没有了嗅觉的助攻，味觉的发挥会逊色许多。感冒的人常常觉得食物没什么味道，正是这个原因。味觉、嗅觉以及舌头和口腔触觉的共同作用，构成了食物品尝的综合体验。

如果说优良的食材是搭建美食宫殿的材料，那敏感的味觉则是这座宫殿的地基。没有比失去味觉更令人忧伤的故事了。李安电影《饮食男女》的开头，就讲述了这样一个忧伤的故事：中国台北圆山大饭店的名厨朱爸爸失去了味觉，为了不被人发现，他做菜的时候，只能偷偷请好朋友当"舌头"帮他尝菜。令人欣慰的是，随着故事的发展，在影片的结尾，朱爸爸恢复了味觉，总算皆大欢喜。

味觉如此重要，中国古人甚至发展出了"以味论诗"的理论——品尝食物的味道，就像品味诗的意蕴。九世纪下半叶，晚唐著名诗人司空图曾这样评价友人的一首诗："愚以为辨味，而后可以言诗也（《与李生论诗书》）。"在他看来，人要先能够辨别、品鉴食物的滋味，才可以谈论诗歌。

在十八、十九世纪法国著名美食家布里亚-萨瓦兰那里，味觉成为他构建其美食哲学的核心。他的传世名作《厨房里的哲学家》，法文书名直译正是"味觉生理学"（Physiologie du Goût）。他将味觉作为整本书的核心主题，徐徐展开：自然界提供各种物质，而味觉帮助我们选择其中适合食用的物质。借助味觉，我们可以完成对食物的基本筛选，判定食物的价值及安全与否。有营养的物质尝起来和闻起来都不会差，此乃普遍规律。这一条用在菌子上再合适不过，因为闻起来或尝起来苦或辛辣、让人感觉不愉快的菌子，基本上有毒的居多。而在必吃榜上排名靠前的菌子，都能带给人们独特的味觉和嗅觉体验。

为了准确传达菌子的美味，中国南宋大诗人杨万里专门写了一首《蕈子》诗："响如鹅掌味如蜜，滑似莼丝无点涩。伞不如笠钉胜笠，香留齿牙麝莫及。"他用鹅掌形容菌子的脆嫩，用蜂蜜形容菌子的香甜，用莼菜形容菌子的爽滑，用麝香衬托菌子的香味。其实，每种菌子都有自己独特的味觉特点。除了阿城和汪曾祺盛赞的鸡枞，几乎所有可食用的野生菌，都能带来鲜的体验。因为野生菌富含的蛋白质遇热容易分解为氨基酸，从而被味蕾捕捉。菌子除了鲜，还有甜；鸡枞、红菇、松茸、奶浆菌几种，甜味尤其明显。它们的味道特征按照顺序排列，是鲜、甜、香。

干巴菌、松茸和松露，是香气较为突出的菌子。干巴菌加热炒熟之后，香气之浓郁，能冲出饭馆门廊直扑街面。人间至味干巴菌，味道最为隽永深长。松露的香气非常独特，稍微一遇热就能被激发出来，因此比较适合用作厨房的高档香料。与其他菌子相比，松露带给人的味觉体验更独特，不同的人感受到的味道很不一样：除了菌子的香气，还有麝香味、蜂蜜味、玉米味、大蒜味，甚至泥土味、金属味、汽油味或抹布味，总之多种多样。这也许说明人类舌苔味觉感受器的多寡及敏感程度的差异普遍存在，也说明了松露香味的丰富度与层次感尤为出众。

喷香的松茸焖饭

松茸在煎熟之后，也是香气四溢，绕梁满屋。松茸和松露如果切片生食，则是香甜脆。不同的做法，可以激发食材带来的不同味觉和嗅觉体验。香蘑类的菌子，包括紫丁香蘑、肉色香蘑、花脸香蘑等，则以香和鲜著称，且口感嫩滑。铦囊蘑的味道也与香蘑类似。

牛肝菌尤其是红／白见手青，爆炒之后，香腴滑嫩。不知道是不是因为含有致幻成分，其香味完全不同于白牛肝菌和黄牛肝菌，并且要胜出很多。尤其未开伞的青壮年见手青，切成薄片，放入陈年火腿、蒜瓣、干辣椒大火爆炒，再加入云南当地的酸腌菜少许，那味道，每每令人有"莼鲈之思"。《世说新语》里讲，张季鹰在洛阳做官，某一天洛阳的秋风，勾起了他对吴中两道家乡菜——莼菜羹和鲈鱼脍的味觉记忆，不由得叹道，人生在世，贵在适意，为了点名利跑到千里之外来做官，不值当！于是弃官而归。

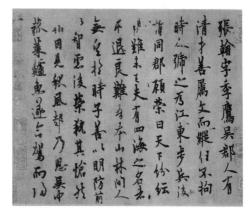

（唐）欧阳询《张翰帖》，故宫博物院藏

莼菜在《尔雅》中已有记载，被称为蘧（qú）蔬。汉魏时期的《春秋佐助期》曰："八月雨后，苏（莼）菜生于洿（污）下地中，作羹臛甚美。吴中以鲈鱼作脍，苏菜为羹，鱼白如玉，菜黄若金，称为'金羹玉脍'，一时珍食。"东晋郭璞注解说它"似土菌，生莼草中，今江东啖之，甜滑"。南朝《荆楚岁时记》称"莼菜，地菌之流，作羹甚美"。莼菜即地踏菜，正式名为普通念珠藻（Nostoc

普通念珠藻（地踏菜），张子寒摄

commune），是一种蓝细菌，古代称为地耳或地踏菰，被当作菌子的一种，《古今图书集成》将其归入"菌"部。江东即江南，"莼鲈之思"作为中国文化史上著名的风雅故事，讲的无非也是吃与喝。因为所有故事，都是饮食和味道的故事。

美好的味道总令人愉悦且回味无穷。在某种程度上，生命的构成，有且只有记忆。我们人生中的大部分时光，都是对某种食物味道的记忆和复现。普鲁斯特煌煌七卷本的巨著《追忆似水年华》，正是围绕着作者对一道不起眼的食物——"小玛德莱娜"点心的味觉记忆展开的。因为普鲁斯特，这种对记忆和味觉相关性的描述甚至有了一个专有名词：普鲁斯特效应（Proustian Effect）。

起先我已掰了一块"小玛德莱娜"放进茶水准备泡软后食用。带着点心渣的那一勺茶碰到我的上颚，顿时使我浑身一震，我注意到我身上发生了非同小可的变化。一种舒坦的快感传遍全身，我感到超尘脱俗，却不知出自何因。我只觉得人生一世，荣辱得失都清淡如水，背时遭劫亦无甚大碍，所谓人生短促，不过是一时幻觉；那情形好比恋爱发生的作用，它以一种可贵的精神充实了我。[1]

大部分人关于食物的味觉记忆，都源自青少年时期，一旦写入记忆代码，就终生不忘。汪曾祺所写的鸡枞和干巴菌的味道，是四十年前他在昆明上大学时尝过的味道。阿城在《思乡与蛋白酶》里回忆的鲜美无比的鸡枞汤，是二十八年前作为高中生在西双版纳景洪农场的美好记忆。张翰关于莼菜羹和鲈鱼脍的味觉记忆，也一定来自他小时候在吴中的成长经历。我们的味觉细胞，从青少年时代起就被反复训练，不断强化。这就是为什么大多数人终其一生都在寻找一种味道，那就是"妈妈的味道"或者"外婆的味道"。这种寻找，建立在味觉生理学的基础上，也建立在心理学和生命哲学的基础之上。对我来说，每一种菌子的味道，都是一道记忆之门，连接着过去、现在和未来。

这种关于菌子/蘑菇的味觉记忆，甚至塑造了某种民族性格和文化。在俄罗斯当代作家尤里·波利亚科夫的《蘑菇王》中，蘑菇是家乡、信仰和自由的象征。瓦莲京娜·帕夫洛夫娜·沃森在《蘑菇、俄国及历史》中写道，在俄罗斯有一种古老的信念，即当蘑菇多的时候，战争就在眼前。这句话隐秘地表达了当战争来临时，生活艰难的人们采集蘑菇为食的民族记忆。法语中也有句谚语"je reviens toujours a mes mousserons"，我们总是回味着我们的蘑菇。

---

1 《追忆似水年华：在斯万家那边》，李恒基、徐继曾译，译林出版社，2012 年。

08 汪曾祺与菌子

　　有人说，杨慎入滇，创造了数百年来云南文化的第一个高峰；二十世纪三十年代西南联大在昆明成立，众多大师云集边陲，创造了云南文化的第二个高峰。自西南联大开办以来，近现代很多知名作家与云南结下了不解之缘，汪曾祺、冯至、宗璞，包括稍晚一些的王小波、阿城，都是与云南有深厚渊源的作家。其中唯有汪曾祺，留下了关于云南菌子最宝贵的笔墨。在他笔下，云南和云南的菌子仿佛他的老朋友，信手拈来，耳熟能详。他描写菌子的文章，很多堪称经典，读来令人回味，隽永悠长。

　　汪曾祺和云南结缘，始于他喜欢的作家沈从文在西南联大当老师。1939年6月，十六岁的汪曾祺离开家乡高邮，从上海坐船经香港，再经越南，乘坐滇越火车到了昆明，此前他从未出过远门。在昆明，他如愿以偿地成为沈从文的学生，并得到了这位大作家的赏识和帮助。汪曾祺在西南联大上学的时候，沈从文不但细心帮他修改习作，还帮他推荐作品发表。沈从文曾经说，汪曾祺的小说比自己的好。他在给著名文学家施蛰存的信中特别提到："新作家联大方面出了不少，很有几个好的。有个汪曾祺，将来必有大成就。"

　　后来，汪曾祺的确成了大师，在他六十岁的时候。他青年时代在昆明留下的关于菌子的味觉记忆，在晚年变成了很多篇精彩的文字。其中最知名的是《昆明的雨》，写于1984年，那时他已经六十四岁了，自他离开昆明也过去了三十八年。这篇文章其实是他送给西南联大同学巫宁坤一幅画作的注解。

兰茂牛肝菌（红葱）

宁坤要我给他画一张画，要有昆明的特点。我想了一些时候，画了一幅，右上角画了一片倒挂着的浓绿的仙人掌，末端开出一朵金黄色的花。左下画了几朵青头菌和牛肝菌。题了这样几行字："昆明人家常于门头挂仙人掌一片以辟邪，仙人掌悬空倒挂，尚能存活开花，于此可见仙人掌生命之顽强，亦可见昆明雨季空气之湿润。雨季则有青头菌、牛肝菌，味极鲜腴。"

……

昆明菌子极多。雨季逛菜市场，随时可以看到各种菌子。最多，也最便宜的是牛肝菌。牛肝菌下来的时候，家家饭馆卖炒牛肝菌，连西南联大食堂的桌子上都可以有一碗。牛肝菌色如牛肝，滑，嫩，鲜，香，很好吃。炒牛肝菌须多放蒜，否则容易使人晕倒。青头菌比牛肝菌略贵。这种菌子炒熟了也还是浅绿色的，格调比牛肝菌高。

菌中之王是鸡㙡，味道鲜浓，无可方比。鸡㙡是名贵的山珍，但并不真的贵得惊人。一盘红烧鸡㙡的价钱和一碗黄焖鸡不相上下，因为这东西在云南并不难得。有一个笑话：有人从昆明坐火车到呈贡，在车上看到地上有一棵鸡㙡，他跳下去把鸡㙡捡了，紧赶两步，还能爬上火车。这笑话用意在说明昆明到呈贡的火车之慢，但也说明鸡㙡随处可见。

有一种菌子，中吃不中看，叫作干巴菌。乍一看那样子，真叫人怀疑：这种东西也能吃？！颜色深褐带绿，有点像一堆半干的牛粪或一个被踩破了的马蜂窝。里头还有许多草茎、松毛，乱七八糟！可是下点功夫，把草茎松毛择净，撕成蟹腿肉粗细的丝，和青辣椒同炒，入口便会使你张目结舌：这东西这么好吃？！还有一种菌子，中看不中吃，叫鸡油菌。都是一般大小，有一块银元那样大，滴溜儿圆，颜色浅黄，恰似鸡油一样。这种菌子只能做菜时配色用，没甚味道。

《昆明的雨》表面上是写雨季，其实是写他和西南联大同学青年时代的生活，写友情和爱情。文章开篇所描述的这幅画，是汪曾祺为昆明菌子所画的唯一作品。画作的缘起，是两位同窗好友时隔二十年后见面，巫宁坤请汪曾祺作一幅画——"要有我们的第二故乡昆明的特色，我家徒四壁的墙上一挂，就见画如见人了"。巫宁坤和汪曾祺一样，二十世纪四十年代学于西南联大，师从吴宓、沈从文等名师，一生坎坷而传奇。他是中国著名翻译家，译有《了不起的盖茨比》（菲茨杰拉德）、《不要温和地走进那个良夜》（狄兰·托马斯）等。这幅以青头菌和牛肝菌为主角的画，一直挂在巫宁坤的卧室里，直到他去世。

汪曾祺赠给老同学巫宁坤的画《昆明的雨》，巫一村供

在门头挂仙人掌辟邪，是云南地区至今常见的风俗。而采菌子、吃菌子的热情，今天的云南人相比汪曾祺作品里所写，有过之而无不及。他熟悉的菜市场里的菌子——牛肝菌、青头菌、鸡㙡、干巴菌、鸡油菌，依旧是每年夏天云南菜市场里的颜值担当和流量明星。当然，汪曾祺没有写到松露和松茸，估计那个时候昆明的人们，还不怎么吃这两样菌子。这种状态直到今天依然如此，云南人把松茸和松露留给了世界，把干巴菌和鸡㙡留给了自己。

在另外两篇文章中，汪曾祺再次浓墨重彩地描述了鸡㙡和干巴菌。菌中之王是鸡㙡，人间至味干巴菌。这两句盖棺之论，基本奠定了鸡㙡和干巴菌在吃货界的地位。那个时代缺乏摄影设备，也不像今天这样短视频发达，所以汪曾祺用了很多细节来描写各种菌子。

鸡㙡的菌盖不大，而下面的菌把甚长而粗。一般菌子中吃的部分多在菌盖，而鸡㙡好吃的地方正在菌把。鸡㙡可称菌中之王。鸡㙡的味道无法比方。不得已，可以说这是"植物鸡"。味似鸡，而细嫩过之，入口无渣，甚滑，且有一股清香。如果用一个字形容鸡的口感，可以说是：腴。——《昆明的吃食》

味道最为隽永深长，不可名状的是"干巴菌"。这东西中吃不中看，颜色紫赭，不成模样，简直像一堆牛屎，里面又夹杂了一些松毛、杂草。可是收拾干净了撕成蟹腿状的小片，加青辣椒同炒，一箸入口，酒兴顿涨，饭量猛开。这真是人间至味！——《七载云烟·采薇》

变绿红菇（青头菌），王庚申摄

汪曾祺肯定是知道陈仁玉的《菌谱》的，所以给自己的文章起名《菌小谱》。文章开头说自己离开昆明已经四十年，可知文章创作的时间是1986年。在《菌小谱》中，汪曾祺以小时候祖母带他吃的香蕈饺子开始，笔锋一转，就回到了昆明的菌子。

菌子出场的顺序和《昆明的雨》一样，也是牛肝菌、青头菌、鸡㙡、干巴菌、鸡油菌，但是细节略有不同。前者的笔调更为欢快，立意是在介绍昆明雨季的独特物产；后者的笔触更为写实，着眼于食物的做法及其带来的味觉记忆。

我在昆明住过七年，离开已四十年，不忘昆明的菌子。雨季一到，诸菌皆出，空气里一片菌子气味。无论贫富，都能吃到菌子。

常见的是牛肝菌、青头菌。牛肝菌菌盖正面色如牛肝。其特点是背面无菌折，是平的，只有无数小孔，因此菌肉很厚，可切成片，宜于炒食。入口滑细，极鲜，炒牛肝菌要加大量蒜薄片，否则吃了会头晕。菌香、蒜香扑鼻，直入脏腑。牛肝菌价极廉，青头菌稍贵。青头菌菌盖正面微带苍绿色，菌折雪白，烩或炒，宜放盐，用酱油颜色就不好看了。或以为青头菌格韵较高，但也有人偏嗜牛肝菌，以其滋味较为强烈浓厚。

最名贵是鸡㙡，鸡㙡名甚奇怪。"㙡"字别处少见……鸡㙡菌菌盖小而菌把粗长，吃的主要便是形似鸡大腿的菌把。鸡㙡是菌中之王。味道如何？真难比方。可以说这是"植物鸡"。味正似当年的肥母鸡，但鸡肉粗而菌肉细腻，且鸡肉无此特殊的菌子香气。昆明甬道街有一家不大的云南馆子，制鸡㙡极有名。

菌子里味道最深刻（请恕我用了这样一个怪字眼）、样子最难看的，是干巴菌。这东西像一个被踩破的马蜂窝，颜色如半干牛粪，乱七八糟，当中还夹杂了许多松毛、草茎，择起来很费事。择出来也没有大片，只是螃蟹小腿肉粗细的丝丝。洗净后，与肥瘦相间的猪肉、青辣椒同炒，入口细嚼，半天说不出话来。干巴菌是菌子，但有陈年宣威火腿香味、宁波油浸糟白鱼鲞香味、苏州风鸡香味、南京鸭胗肝香味，且杂有松毛清香气味。干巴菌晾干，加辣椒同腌，可以久藏，味与鲜时无异。

样子最好看的是鸡油菌。个个正圆，银圆大，嫩黄色，但据说不好吃。干巴菌和鸡油菌，一个中吃不中看，一个中看不中吃！

汪曾祺这些关于云南菌子的文字，从他下笔那一刻到现在已经过去了三十多年。但我相信，无论新媒体如何发展，无论声光电的效果如何逼真，文字的隽永和文学的魅力，以及作家投注其间的情感和能量是永远不可替代的。在菌子的史话中，汪曾祺和陈仁玉、潘之恒以及吴林那些前辈一样，已经是一座丰碑。

09

七月又多雨 云南地面纷纷勃起

……千红万紫蘑菇是之一

天空飞着一团团蘑菇云

下面的青山湖畔 丛林 草地 石头下

到处长出了蘑菇

红的 长着牛肝的红妖怪

白的 穿着白筒鞋的白妖怪

蓝蘑菇摇头晃脑唱高山之歌 黄蘑菇是害羞的

紫蘑菇是鬼的小孩 青头菌犟头犟脑 戴着小钢盔

……云南好东西不是玫瑰牡丹 鱼翅螃蟹

不是菜谱上指鹿为马的美食

而是因朴素而乏味的小蘑菇五彩缤纷

夏天的星期六

蘑菇马戏团一篮篮出现在公路边

晃着糊好泥巴的小脑袋 猜猜我是谁？

那些宽肩膀厚嘴唇的男人 那些长发或巨乳女子

赤脚走遍山岗唱着歌或跳着舞

必须尊重它们才能在马尾松下面找到它们

手疾眼快是无用的 志在必得是背时的

必定要空手而归 找到蘑菇得用巫师那种手

我们这些非凡的云南人旱季想念着它雨天谈论着它

在餐桌集市庙会林中咖啡馆和汽车后座争论着蘑菇

在深夜 梦见亲爱的老蘑菇

最持久的话题所有篮子都做过蘑菇之梦

只要空气中弥漫着仙人扇动起来的蘑菇味

我们就像孔雀那样

兴奋起来激动起来多情起来热爱起来团结起来

就要出动就要聚餐就要不怕死不怕大象不怕悬崖高山

不怕泥石流不怕荆棘

我们从不怀疑大地不怕食物中毒

……

炒牛肝菌吗？多放大蒜

永远不要把神放在冰箱里

外祖母遗训

——于坚《云南蘑菇颂》（节选）

打开云南的方式有很多种。彩云、菌子和普洱茶，都是有云南特色的符号。然而，云南的地理及风物多样性太突出了，特点太丰富了，这就引出了一个难以达成共识的话题：谁最云南，谁能代表云南？回答这个问题，既要看事实，也要看提问之人不同时空维度的出发点和视角。

实际上，十四世纪末初来乍到的建设者们，是要把云南建设成为江南，这其实是一种乡愁。他们希望主动或被动抵达的这块土地，是家乡的样子，而非漫山遍野长满五彩缤纷菌子的异域。"五百年前后云南胜江南"——据说昆明建成之时，来自江西的堪舆大师汪湛海特意叫工匠雕刻了一只石龟，龟背上刻着这句谶语，埋在了昆明城南门之下。明初的云南建设者，包括黔国公沐英和堪舆大师汪湛海，都来自江南。沐英是朱元璋的养子，战功赫赫，来自南京；汪湛海则来自江西。六百多年前初到云南的江南汉族移民，心中怀

鸡蛋菌和鸡㙡菌

着对家乡的思念，要将边陲之地、蛮夷之邦的云南建设成为他们想象中的江南。如果去腾冲古城和建水古城，你会发现仿佛穿越到了六百年前，时空像静止了一般，那里的空气中有活的历史、生活、习俗和文化。

作为明初移民二代的昆明人兰茂，则将他的眼光投向了云南这片神奇热土上的花花草草和五彩缤纷的野生菌，积二十年之功完成了巨著《滇南本草》。在兰茂这里，菌子第一次进入主流视野。保山的张志淳是来自南京的移民三代，他是在个人著作中记录鸡㙡的第一人，并与随后而来的明朝才子杨慎有很深的交集。被嘉靖皇帝弃而不用的杨慎，把云南当作了自己的家，是他将四季如春的昆明称作"春城"，还考证了"彩云之南"的传说及由来。

然后，江苏江阴的徐霞客来了，他把《徐霞客游记》的五分之二留给了云南，也留给了美味的鸡㙡。再往后，就到了清初吴三桂入主云南，这个辽东悍将把产自云南的鸡㙡和普洱茶一起，进献给了清朝皇室后宫的嫔妃，普洱茶更是在清代成为皇家贡品，名重京师。二十世纪九十年代，狂热的普洱茶投机潮，又将云南带回了曾经那个风靡一时的年代。

然而，从彩云之南到普洱茶，都没能形成根植于当地人生活的独特文化符号。彩云在云南人眼中司空见惯；云南作为重要的茶叶原产地，也不像广东、福建、台湾那样有深厚的茶饮文化，普通老百姓对普洱茶的认知更少，属于典型的墙里开花墙外香。只有菌子，让云南人找到了属于自我的独特文化符号。"找死的魅力超过活着，殁于蘑菇而不是甲级医院"，这种极端和诗化的描述，在喜欢菌子的云南人看来，不是诗，而是生活状态的真实写照，是生活本身。

> 和中国其他省份相比，云南似乎是一个模糊的存在，并不是说这里缺少自然风光、名胜古迹或是物产，而是这些东西在云南都太丰富、太多样了，不胜枚举，却又几乎没有任何一种东西可以代表这片土地。所以，"彩云之南"这个充满诗意和令人遐想的称呼，蕴含着"化外之地"的神韵，似乎是最恰当的表达。如果非要找一个云南人都普遍认同的代表的话，野生菌怕是为数不多的"候选者"了，也就是很多人所说的野生蘑菇。

这段话出自《中国国家地理》杂志2018年第8期的专题文章，代表了很多人对云南的普遍认知。在我看来，菌子里的云南，才是真正的云南。全国各地的野生菌产区有很多，有野生菌采摘和食用习惯的人群也不限于云南人，为什么只有云南形成了独特的食菌文化？也许答案就在中国当代作家、云南人于坚的诗里。

在新作《云南蘑菇颂》中，于坚以他独特的观察和切身的体验，用欢快、富有感染力又不失哲思的语言，将云南菌子文化的脉络注解得淋漓尽致。在这首明显是写给外地人读的作品里，于坚说："我们这些非凡的云南人，旱季想念着它，雨天谈论着它；在餐桌、集市、庙会、林中、咖啡馆和汽车后座争论着蘑菇；在深夜，梦见亲爱的老蘑菇。"这样的文字，云南人的共鸣只会更多。

菌子是神秘而美丽的，正如于坚所说，五彩缤纷，奇谲怪诞，美味无比，也极其危险。神秘在于云南菌子种类之丰富、食毒特性之繁杂，让初次接触的人眼花缭乱，兴奋而又害怕。菌子之神秘还在于只有当地天真的人们才能找到，手疾眼快是没有用的，相机也是没有用的，得有巫师般有魔力的双手。菌子之美自不待言，云南大型真菌的科、属、种都极其丰富，各式各样的形状、颜色令人着迷。云南菌子之美，更在于其可食用种类之丰富、口感之多元，大大小小的菌子市场和餐馆简直令人流连忘返。而危险，也就隐藏在如斯的神秘和美丽之中，剧毒的鹅膏属、盔孢伞属和环柄菇属，以及亚稀褶黑菇，都足以葬送生命；云南人宁死也要食用的见手青，如果加工和处理不当，让人"胡言乱语供出隐私"，是常有的事儿。

当雷雨后的山林菌子拱地而出的时候，当每只竹筐做起菌子美梦而终被菌子填满的时候，当餐馆里爆炒见手青和干巴菌飘香的时

候，当冬天打开玻璃瓶飘出油炸鸡枞熟悉味道的时候，菌子里的云南扑面而来。这样的云南，也许不是当初建设者想象中的江南，但也足以自成体系，自洽无比。所以才会有如此超凡脱俗的外祖母遗训：永远不要把神放在冰箱里——民间传说，炒好的见手青放入冰箱，拿出来后加热再吃，也会见小人儿。

然而菌子里的云南，确是另一种江南。江南在中国语言文化中，本来就是一种想象，也是一种隐喻。有时候是烟雨空蒙的自然环境，有时候是衣冠南渡的文化积淀，更多时候是一种"欲回天地入扁舟"的诗意栖居之归宿。江南得以让人们在另一个时空，发现另一维度的自我。菌子里的云南，正是很多现代人的理想生活之地和栖息之所。从这个意义而言，云南就是江南。

云南石屏县李恒升故居见手青木雕，
刘梦婷摄

附录

01

菌子知己及其重要著作

古罗马的橙盖鹅膏菌（恺撒菇），日本奈良时代的松茸，法国人餐桌上的松露，意大利人钟爱的美味牛肝菌，俄罗斯人喜爱的松乳菇，德国人钟爱的高大环柄菇，云南人大爱的见手青、鸡㙡、干巴菌——每个时代、每个地域都有自己的菌子故事和传奇。正是因为有了这些人以及他们的观察及发现，菌子的世界才会越来越有意思，越来越脉络清晰。

以下是本书写作过程中涉及的相关作者及著作，阅读这些作品既是一段学习之旅，也是一段思考和创造之旅。创作这些著作的人，都是菌类的爱好者，堪称菌子的知己。以下主要介绍中国古代到现代及全世界范围内，与菌子有关的十二位重要人物及其作品。

● 从《菌谱》《广菌谱》到《吴蕈谱》

《菌谱》是公认的世界上第一部大型真菌专题著作，和中国古代能流传下来的大部分文字一样，它的作者也是来自上层社会的知识分子。《菌谱》作于1245年。作者陈仁玉，南宋嘉定五年（1212年）出生于城南黄村——今浙江台州仙居县城关镇小南门附近。他写作《菌谱》的时候，还是个无官无职的白衣，由于出身颇具名望的仕宦之家，他的学识和见识非凡。看看他的《菌谱》序言：

芝、菌，皆气苗也。灵华三秀，称瑞尚矣。朝菌晦朔，庄生诮之。至若俦其食品，古则未闻。自商山茹芝，而五台天花，亦甲群汇。仙居介台括，丛山入天，仙灵所宫，爰产异菌。林居岩栖者，左右芼之。固黎苋之至腴，莼葵之上瑞；比或以羞王公，登玉食。自有此山，即有此菌，未有此遇也。遇不遇，无预菌事。綮欲尽菌之性而究其用，第其品作《菌谱》。

灵芝和菌子都是大地之精气破土而出所成。灵芝一年三次开花，自古就是祥瑞之兆。朝菌不知晦朔，庄子如此讥讽。至于菌子的食用及品评，自古就没听过。商山四皓（秦始皇时期四位德高望重、知识渊博的老人）曾经采灵芝而食，五台山天花蕈也是典籍里的头牌。仙居在天台山和括苍山之间，耸拔峻峭，是仙灵宫室所在，出产各种奇妙的菌子。或出于林下，或长在岩石上，随手就能采摘。看似菜蔬却最肥美，像莼菜却更滑嫩，足以成为王公贵族的珍馐玉食。这里的山自古就在，菌子也一直在长，只是没有灵芝和五台天花蕈那样的际遇。遇或不遇，和菌子没有关系。我只想充分了解菌子的性状，研究其用途，将其进行品评分级，于是写了这本《菌谱》。

与陈仁玉同时代但年纪略小的周密，在其笔记体史书《癸辛杂识》中说："天台所出桐蕈，味极珍……是南宋时台州之菌为食单所重，故仁玉此谱备述其土产之名品。"陈仁玉希望通过自己的手和笔，为家乡的菌子立传，让更多的人知晓。陈仁玉整理《菌谱》的时候三十三岁，看得出来，他对自己的家乡特别熟悉，也特别热爱。《菌谱》描述了十一种菌子，相关知识包含了地理位置和形状、颜色、味道等信息，非亲力亲为无法知晓。

他最喜欢的是合蕈。其他菌子虽多，吃起来却滑柔有余、香气不足。合蕈"香与味称"，赛过灵芝和天花蕈，堪称完美，"宜特尊之，以冠诸菌"。他在篇首描述的合蕈，就是今天我们经常吃的香菇。前文所讲的台州桐蕈进贡临安的故事中，主角就是它。

第二是稠膏蕈。"秋中山气重，霏雨零露，浸酿山膏木腴……初如蕊珠，圆莹类轻酥滴乳，浅黄白色，味尤甘胜。"这种古人认为稠木膏液所生的菌子，大概率是野生的金针菇（毛柄金钱菌/冬菇）。

第三是松蕈，大概率是松乳菇。也有学者认为《菌谱》里的松蕈就是后来声名大起的松茸，但是仙居的温度和湿度达不到松茸生长的条件要求，出菌的时间也不对，松茸得秋季才出。"生松阴，采无时。凡物松出无不可爱。松叶与脂伏灵（松茯苓）、琥珀，皆松裔也。""凡物松出无不可爱"，他这么说，也说明他是个可爱的人。陈仁玉还认为，古时跑到深山老林里避世修身的高人，活得年头久，是经常采食松蕈的缘故。

仙居这个名字起得漂亮，顾名思义，是神仙居住的地方。七山一水二分田，从地理环境看，仙居位于浙江南部山区，空气湿润，雨量充沛，春夏雨热同期，秋冬光温互补，天台山和括苍山海拔1400米左右，适宜菌子生长。如今仙居最有名的物产是杨梅，色美汁丰味甜，而在陈仁玉的青壮年时期，当地最有名的物产是菌子，尤其是桐蕈（合蕈/香菇）。根据顾新伟、何博伟所著的《浙南山区大型真菌》研究介绍，浙南山区分布的大型真菌达到一千一百多种，丰富的菌物资源储备，为陈仁玉写作《菌谱》奠定了基础。

相比对家乡菌子熟稔无比的陈仁玉，《广菌谱》的作者潘之恒，更像一个菌子价值及意义的发现者，就像他发现明代昆曲之美和伶人之美一样。

1590年，兼具小说家、诗人、戏曲评论家等多重身份的潘之恒，不满意《本草纲目》将菌类放在蔬菜类目的做法，参考陈仁玉所著的《菌谱》，将《本草纲目》"菜部"包括鸡㙡在内的十九种菌类专门摘出来单独成册，编为《广菌谱》。《广菌谱》序曰："偶得楚人李时珍《本草纲目》，读之，其芝栭之属多与菌相类者，列诸菜部，稍为标出以佐郇厨之调。若芝为灵草种，自宜专谱，不当以菜品辱之矣。"

从这段序言中，我们可以得到不少信息。首先，在潘之恒和李时珍生活的年代，更多的菌子进入了人们的食谱。《广菌谱》虽非原创，但收录了十九种菌子，比《菌谱》多出八种，而且涉及的地域更广。其次，在潘之恒的认知里，菌子不是蔬菜，和蔬菜放到一起，是对菌子的不尊重。

除了创作《广菌谱》，潘之恒在历史上更重要的身份，是戏曲评论家、小说家，以及黄山的宣传大使。他一生喜欢游历名山大川，尤其钟爱黄山，晚年在黄山脚下盖了一座小屋，撰写为黄山立传的巨著《黄海》。

虽然功名之路坎坷，但名山大川、戏曲小说及下层平民，为他打开了另一个广阔世界的大门。仕途上无所成就，但他尊微惜贱，他的著作特别重视那些不遇之人，尤其是那些"贱微而旌其难者"。他为下层人作传，为伶人和妓女作传，为黄山作传，为菌子作传——他认为菌芝乃灵草，应该自成专谱，不应当被视为菜品。由此看来，他为菌子鸣不平，是他可贵的人生价值理念一以贯之的表现。

在中国古代的三部菌谱专著中，苏州人吴林1683年所著的《吴蕈谱》成书最晚，但最为详细，水平也最高。吴林在序言中说："吾苏郡城之西，诸山秀异，产蕈实繁，尤尚黄山者为绝胜。何则？以其地迩（近）而易，于上市为最新鲜也。他山者，可就其地而食之。"

吴林对家乡苏州以西山区所产野生菌的描述，和明代杨循吉《金山杂志》所描述的山中产菌、樵童采之售于枫桥的情况是吻合的。在《吴蕈谱》中，吴林收录了二十六种野生菌，而且他根据口感及有毒与否，将菌子分为上、中、下三品。这与陈仁玉"尽菌性而究其用、第其品"而作《菌谱》的思想一脉相承。

难能可贵的是，相比前两部著作，吴林对每种菌子的生长时间、环境、形状和口感做了详细的描述。比如雷惊蕈，根据他的描写可以判定为松乳菇/谷熟菌；鹅膏蕈是鹅膏菌属的菌子；糖蕈是铜绿菌，因为"采久或手挠之作铜青色"；奶汁蕈是奶浆菌，佛手蕈是珊瑚菌，姜黄蕈是鸡油菌，灯台蕈是鸡枞。针对有些历史悠久的菌子，他还进行了考证。比如，他研究了苏轼和陆游诗作中提到的"黄耳蕈"，说它其实就是穀树蕈（可以人工种植的香菇）。

吴林在《吴蕈谱》中详细描述苏州常见野生菌的目的，是帮助人们准确鉴别以免误食。他用很大的篇幅介绍了不少食菌中毒的案例，解释了菌子有毒的原因（蛇、虫从菌子底下过），提供了菌子中毒后的解毒之法（地浆及粪汁解之），虽然今天看来并不科学，但也代表了那个时代人们对菌子的认知。

与陈仁玉和潘之恒对菌子的寥寥数语介绍不同，吴林还不厌其烦地介绍了菌子采摘、清洗、加工和储存的详细方法。吴林的这些记载，得以让我们窥见四百年前苏州地区的食菌风俗。在《吴蕈谱》的末尾，吴林还留下了四首关于拾菌子的诗——《儗蕈诗》：

老翁雨过手提筐，侵晓山南儗蕈忙。敢为家人充口腹，卖钱端为了官粮。

梅花水发接桃花，又动南山礧碨车。春熟却教无麦种，松间剩有菌如麻。

松花着处菌花生，雨后岩前采几茎。分付山妻好珍重，姜芽篱笋共为羹。

看他车马踏京尘，博得邯郸一欠伸。争似平生锄菜手，栽花拾菌过残春。

诗的末尾有一句小注："康熙癸亥岁，一春风雨菜麦尽烂，种子无粒，是年产蕈极多，若松花飘坠，着处成菌。""康熙癸亥岁"（1683年）为我们锁定了《吴蕈谱》的创作时间。诗里透露出几个信息：那一年苏州地区雨水太多，粮食和蔬菜都泡烂了，颗粒无收；因为雨量充沛，所以菌子产量很高，除了让家人充饥，还可以拿去卖，卖了钱还得交官粮，虽然粮食歉收，但是该交的税还得交；作者虽然年纪很大了，但是采得菌子，用仔姜和嫩笋一起做羹，再美不过了。菌子是自己劳动所得，其快乐胜过车马踏京城的富贵，那只不过是邯郸的黄粱一梦。

从《菌谱》到《广菌谱》再到《吴蕈谱》，三位作者都生活在江南地区，他们生活的区域虽然不是中国野生菌的主产区，但他们留下的记录是宝贵的。在近八百年的跨度里，我们可以跟随三位作者，一窥那个时代的人们如何认识并利用这些自然的精灵。

● 兰茂和他的牛肝菌

菌子爱好者对牛肝菌和见手青的了解，要比对兰茂的了解丰富太多。兰茂于1436年写成《滇南本草》的时候，不可能预见到五百八十多年后，这两个词能够风靡世界。不过，在他的家乡——昆明嵩明杨林镇，兰茂被后人铭记，当地不但有兰公祠/兰茂纪念馆，还有一条被命名为"兰茂大道"的路。在真菌学界，兰茂的名字和红葱，即红见手青、红牛肝菌联系在了一起——2016年，红牛肝菌被命名为"兰茂牛肝菌"。

兰茂是明朝著名的药物学家、音韵学家、诗人、教育家、理学家。祖籍洛阳，是明初中原去往云南的移民二代。他在《滇南本草》的序言中说："余幼酷好本草，考其性味，辨地理之情形，察脉络之往来……留心数年，审辨数品仙草，合滇中蔬菜草木种种性情，著《滇南本草》三卷，并著《医门揽要》二卷，特救民病，以传后世，为永远济世之策。后有学者，以诚求之，切不可心矢大利而泯救病之心。凡行医者，合脉理参悟，其应如响。"

从序言可以看出，兰茂是一位本草爱好者，注重实地考察，而且有医者仁心。他的著作比李时珍的《本草纲目》早了一百多年，其中既有机缘巧合，也有客观的必然。云南具备丰富的生物多样性，植物王国、动物王国、菌子王国的物种储备为兰茂几十年的实地考察，以及《滇南本草》的创作提供了得天独厚的条件。他一边行医一边教学，对云南的一草一木"考其性味""合脉理参悟"。《滇南本草》收录物种四百五十多种，其中野生菌二十七种，云南人耳熟能详的牛肝菌（包括见手青）、青头菌、珊瑚菌、大红菌、白奶浆菌等都在其中。

野生菌在兰茂著作中的篇幅虽然占比不多，但是对于了解数百年前云南人民对菌子的认知却无比重要。到了清代，大理人李文焕在《重刊滇南本草叙》中对兰茂的评价，切中肯綮："明兰止庵先生功深好古，志切济人，研心草木数十年，味其甘辛酸苦，明其温燥凉热，图其柯叶形状，手著《滇南本草》三卷……于是滇南之一草一木，悉有功于人世而流传不朽矣！"

作为最早为云南菌子立传的人，兰茂与牛肝菌和见手青结下了不解之缘。正是因为他，云南的一草一木，才能有功于人世，才能流传不休。

● 厨房里的哲学家

历史上有名号的美食家著作，大多完成于作者的晚年。李渔的《闲情偶寄》写于六十一岁，袁枚的《随园食单》完成于七十六岁高龄。也许见多识广、尝遍人间风味的智者，才有资格撰写美食专著吧。

松露因之而闻名的法国著名美食家布里亚-萨瓦兰，就是这样的人物。1755年4月，布里亚-萨瓦兰出生于法国东部的小城贝莱。他年轻时以律师出道，曾经在法国大革命时期的制宪议会任职，后来又成为自己家乡的市长，但没过多久就因为政治原因流亡瑞士、荷兰，后来又漂洋过海到了美国，在美国纽约帕克剧院做过小提琴手。1796年，四十一岁的他被允许回到法国，继续他的政治生涯。回到法国后，他开始创作关于法国美食的著作《厨房里的哲学家》。该书出版于1825年，他去世的前一年。他去世后，该书再版了五十多次，成为影响巨大的超级畅销书。

在这部被称为"饮食圣经"的著作中，布里亚-萨瓦兰围绕人类饮食的各个维度展开讨论，涵盖社会、地理、政治、历史、经济、哲学、教育、宗教等方面，语言机智幽默、富有哲理。我们来看看他给自己著作写的开场白格言：

> 生命赋予宇宙存在的意义，宇宙给予生命以存在的营养。
> 动物觅食，人类吃饭，智者才懂得品味。
> 国家的命运取决于人民的饮食。
> 告诉我你吃什么样的食物，我就知道你是什么样的人。
> 造物主让人类依靠吃来生存，赐予人类进食的欲望，并以

吃获得的快乐作为奖励。

　　美食主义是一种判断倾向，使人们对口味的偏好甚至超过了对品质的苛求。

　　吃的快乐属于所有时代、所有地域、所有国家的所有人。它与其他形式的愉悦往往相互交织，并会在它们缺失的情况下为人类留下最后一丝安慰。

　　餐桌是唯一永不使人烦闷的地方。

　　以造福人类的程度来说，发明一道新菜的意义远远超过发现一颗新星。

　　可惜的是，在这部传世名作中，布里亚-萨瓦兰忽略了松露以外的所有法国菌子。在"论特色菜"的章节中，他给松露留了很大的篇幅。"菜里没有松露就出不了名，不管你这道菜自身有多么好，如果不点缀上松露，就得不到认可。"在他这里，松露获得了"餐桌钻石"的名号。

◉ 法布尔的蘑菇水彩画

　　虽然布里亚-萨瓦兰忽略了多姿多彩的菌子，但在法国伟大博物学家法布尔（Jean-Henri Casimir Fabre，1823—1915年）那里，菌子的世界大为精彩。作为成名已久的博物学家，法布尔晚年潜心研究蘑菇并自学水彩画，从1885年开始的十余年里，创作了700幅蘑菇水彩画。以下内容来自法国国家自然历史博物馆的法布尔专题介绍：

法布尔水彩画，美味牛肝菌

　　法布尔的众多才能中包括水彩画。这位自然学家画了700幅蘑菇的水彩画，既精确又精致。1955年，法布尔的孙子在哈玛斯家的阁楼上发现了这一宝物，随后巴黎植物园博物馆的中央图书馆对其进行了修复。具有讽刺意味的是，法布尔曾担心他的后人会在他死后丢弃这些水彩画。

"在塞里尼昂，我的晚年时光，蘑菇的诱惑力非常大。邻近的山丘上，有大量霍尔姆橡树、熊果树和迷迭香。过去的这些年里，这样的财富激发了一个雄心勃勃的项目：收集我未能以自然形式保存在标本馆里的东西，并为之画像。我已经开始画我周围的所有蘑菇，从最大的到最小的，都是全尺寸的。水彩画家的艺术对我来说是陌生的。不过有什么关系呢？我将发明我从未练习过的东西，一开始画得很差，然后好一点，再好一点。画笔将作为一种转移注意力的手段，以摆脱日常散文的困扰。我在这里……拥有几百张纸，上面用自然的颜色画出了附近的各种蘑菇，都是真实大小。我的收藏有一定的价值。如果缺乏艺术感，至少它还算精确。"（法布尔语）

在《蘑菇、俄国及历史》一书的前言里，作者瓦莲京娜·帕夫洛夫娜·沃森对法布尔及其蘑菇水彩画表示出了极高的认同和敬意——"全世界都知道让-亨利·法布尔是一位密切观察昆虫的人，一位杰出的作家，以及一位具有罕见精神品质的人。只有少数人知道，在1885年后的十年里，他将生命中的许多时间用于水彩画蘑菇。他准确的观察力与他的艺术感受力相得益彰。今天，在他位于普罗旺斯塞里尼昂的书房架子上，有数百幅这样的画，颜色和他画的那天一样鲜活，用的是上好的颜料，整齐地排列在他的画夹里。"

◉ 碧翠丝·波特与蘑菇

碧翠丝·波特（Beatrix Potter，1866—1943年），英国著名童书作家、插画家，大名鼎鼎的彼得兔的创作者。十九世纪九十年代，尚未成为作家的波特沉迷于真菌学研究，她在显微镜下观察真菌的形态与繁殖机制，用水彩画的形式记录了350余幅她观察到的菌类形态，并撰写了论文《关于伞菌科孢子的萌发》（On the Germination of the Spores of Agaricineae）。然而在1897年，由于波特的女性身份，该论文遭到了林奈学会的拒绝。此后，波特转而投入儿童文学与插画创作。世界上少了一位博物学家，却诞生了彼得兔。

在碧翠丝·波特的真菌论文发表后的一百年，林奈学会

碧翠丝·波特水彩画，灰鳞鹅膏（*Amanita aspera*），**十九世纪末**

为当年的性别歧视行为发表了正式的道歉声明。幸而波特的手稿尚存，她的几百幅真菌水彩画精准、逼真，现代真菌学家仍将它们作为参考资料。她的60幅画被英国科学家菲特利博士选入《路边与森林的菌类》一书。1995年，英国科研机构出版《植物与动物》一书，书中的插画都是波特的作品。这些作品是波特留给真菌爱好者的宝贵遗产。

◉ 《蘑菇、俄国及历史》（*Mushrooms, Russia and History*）

这是一本被中国菌物学界忽略的重要著作，1957年出版，至今还没有中文译本。这本书的作者是瓦莲京娜·帕夫洛夫娜·沃森和高登·沃森夫妇。该书限量发行512册，从未再版，一些大学图书馆在珍稀书籍的收藏中拥有这本书的副本。

关于蘑菇的著作汗牛充栋，但大致分为两类：一类是教初学者如何区分物种的手册，另一类是真菌学家撰写的供其他真菌学家阅读的专著。沃森夫妇的书是少数由业余爱好者为鉴赏家撰写的蘑菇书籍之一。在所有语言的书籍中，这也是第一本论述蘑菇在欧洲各民族日常生活中所扮演角色的书籍。

在前言中，沃森夫妇介绍了写作的缘由：本书为喜爱蘑菇的人而生，亦如那些热爱野地里的花朵和天上飞鸟的人，他们爱着这个野蘑菇构成的多姿多彩的世界。在讲英语的国度，我们的受众无疑

是最少的，但没有关系。我们邀请每一个人来分享我们的快乐，即便应者寥寥，我们也不会因为人数少而不高兴，因为我们可以品味这个秘密。

沃森夫妇为更多人所知，是因为1957年发表于美国《生活》杂志的一篇文章：《寻找神圣蘑菇：一次公开发表的致幻体验》（Seeking the Magic Mushroom）。在文章中，高登·沃森详细介绍了自己作为一个白人在墨西哥参与食用致幻蘑菇的萨满仪式的神奇经历，以及女巫医萨宾娜的故事。这篇文章被成千上万人阅读，引导了二十世纪五六十年代，美国嬉皮士连续多年前往南墨西哥土著村落旅行的潮流。在女巫医萨宾娜接待的人中，有那个时代的多位巨星，约翰·列侬、米克·贾格尔以及鲍勃·迪伦都曾是她的客人。

该书的第一作者，瓦莲京娜·帕夫洛夫娜·沃森，1901年出生于莫斯科，父母是城里长大的知识分子。她童年的大部分时间，都是在莫斯科和圣彼得堡这些大城市里度过的，只有假期才去乡下。在乡下，她和妹妹以及所有的小玩伴，会收集各种蘑菇，并在孩子们的竞争和欢乐中把它们带回厨房。孩子们淘气的时候，母亲对孩子们的惩罚，是禁止她们去采蘑菇。

以俄罗斯人为代表的斯拉夫人是极度的蘑菇爱好者。在俄罗斯，人们喜欢谈论蘑菇，好比英国人喜欢谈论天气。这种喜爱源自传统文化，从孩提时代就已经开始。对蘑菇的喜好塑造了斯拉夫人的性格，也是日后瓦莲京娜·帕夫洛夫娜离开祖国到美国之后，写作《蘑菇、俄国及历史》一书的起点。她后来成为儿科医生，在书中，她自称是一个热爱蘑菇的人、一个医生、一个毒理学的业余爱好者。

后来，她遇到了高登·沃森，并在1927年嫁给他成为沃森夫人。高登·沃森则因为妻子对蘑菇的喜爱，也成了蘑菇爱好者，并沉迷其中五十年，研究蘑菇及其文化。沃森夫人在书中描述了那次有趣的经历：8月，在纽约的卡兹奇山，他们正在度蜜月。第一次散步时，她的丈夫看到她欣喜若狂地奔向林中的菌子，并屈膝摆出崇拜的姿势。丈夫感到非常惊奇，惊恐地试图阻止她把一篮香喷喷的鸡油菌带回家，但没有成功。

高登·沃森，1898年出生于美国西北部蒙大拿州的大瀑布城，是一位圣公会牧师的儿子。沃森年轻时当过记者，后来对银行业产生了兴趣，并于1928年开始在摩根担保信托公司担任投资银行家。二十世纪五十年代初，沃森成为J.P.摩根公司的副总裁。

奶油鸡油菌

正是与妻子在卡兹奇山与鸡油菌的相遇，让高登·沃森开始思考：为什么斯拉夫民族喜欢蘑菇，而一些西欧人却厌恶它们。二十世纪五十年代初，沃森夫妇开始参与墨西哥的致幻蘑菇萨满仪式，并对这些神圣蘑菇及其背后的文化进行研究。这些研究连同沃森夫人童年时期对蘑菇的记忆，构成了《蘑菇、俄国及历史》一书的主要脉络。虽然他们的主要研究领域是西方历史及文化中的大型真菌，沃森夫妇也关注到了中国的菌类，比如雷惊蕈、灵芝、笑菌、猴头菇等。虽然有胡适这样学贯中西的大学问家朋友帮助，他们却没有获得更多关于中国菌子的资料，无法展开更多的对比研究，不能不说是种遗憾。

这不是一本蘑菇爱好者的野外指导手册，而是一部不可多得的关于蘑菇的有趣著作。作者深入浅出，从文化学、语言学、历史学、文学、民族学和人类学各个角度，带领读者逐步探寻蘑菇在欧美不同社会及各个历史阶段的角色和作用。正如作者所说，他们并不希望在汗牛充栋的蘑菇书籍中增添一本专业书籍，只想与爱好蘑菇的人一起分享关于蘑菇的快乐。

● 《末日松茸》（*The Mushroom at the End of the World*）

如果要了解更多关于松茸尤其是日本松茸的文化，这本书是不错的选择。与沃森夫妇的著作一样，《末日松茸》虽然被归为人类学著作，其实涉及很多领域：蕈菌学、历史学、文化学、民族学、经济学、文学等等。

《末日松茸》的作者罗安清（Anna Lowenhaupt Tsing）生于1952年，是加州大学圣克鲁兹分校的人类学教授，也是人类学界近年来极受关注的学术明星之一。本书英文书名"The Mushroom at the End of the World"，意为"世界尽头的蘑菇"。

松茸和其他野生菌一样，代表一种无法被驯化的生命和存在方式，但是当其成为日本上等社会的珍贵礼品或珍稀食材时，就进入了被消费和被规训的链条。日本某个家庭的松茸消费，决定了数千里之外的云南或美国西北部松茸猎人的生计，这也是长期以来无人问津的云南"药鸡㙡"在几十年间变成金贵松茸的大背景。

2004—2011年，罗安清对俄勒冈州（美国西北部）、里山（日本中部）、拉普兰德（芬兰北部）、云南（中国西南部）四个地点的松茸森林进行了田野调查，讲述了与松茸有关的所有生物和人，以及相关的际遇和历史文化。围绕着一朵松茸的全球供应链之旅，罗安清对整个资本主义进行了思考。虽然偏学术，但作者在书中讲述了自己以及很多和松茸有关的人的故事，文笔很优美，把它当成一本关于松茸的散文集和论文集来看，会更有意思。

⦿ 《约翰·凯奇：一位菌类搜寻者》（John Cage: A Mycological Foray）

约翰·凯奇是一个传奇，他有两句关于蘑菇/菌子的名言必须分享："一顿饭没有菌子，就好比天不降甘霖；我得出结论，对菌子爱得深沉，对音乐领悟就越深（A meal without mushrooms is like a day without rain/ I have come to the conclusion that much can be learned about music by devoting oneself to the mushroom）。"

除了约翰·凯奇，本书还有两位作者，分别是阿特利耶出版社的社长、英国美食杂志《美食家》（The Gourmand）的撰稿人金斯顿·特林德（Kingston Trinder）和帕斯卡尔·格奥尔基耶夫（Pascale

Georgiev）。这套关于约翰·凯奇的书分为上下册，上册以图文并茂的方式，讲述了凯奇与蘑菇的故事。帕斯卡尔在书中融入了她对视觉作品的理解，金斯顿则注重有关凯奇的文字，从他的日记、信件、笔记和出版的作品中收集与蘑菇有关的所有片段，用七个章节讲述了凯奇和蘑菇之间千丝万缕的关系。

下册则是《蘑菇书》（*Mushroom Book*）的复制本——该作品集最初于1972年，由凯奇与插画家洛伊丝·朗（Lois Long）和美国真菌学会主席亚历山大·H.史密斯（Alexander H. Smith）合作出版。全书一共10幅彩色石版画，描绘了十五种可食用野生菌。插画作者洛伊丝·朗是一位服装设计师，也是凯奇的密友。画作上覆盖着透明的纸张，对应的位置上有史密斯对每一种蘑菇的详细注解，空白处则是凯奇独创的文体：关于菌类学的逸事、随笔和食谱；正面则是凯奇用铅笔写的手稿。

约翰·凯奇是二十世纪美国的传奇先锋音乐家、音乐哲学家，代表作有《4'33"》。除此之外，他还是一位狂热的菌类爱好者。二十世纪三四十年代，美国大萧条时期食物匮乏，约翰·凯奇正是在那个时候开始接触野生菌的，并从此爱上了它们。在约翰·凯奇看来，音乐和蘑菇这两个看似不相关的东西自有其相通之处：在音乐创作中，寻找灵感就同在森林中寻找"隐秘的蘑菇"。他深受东方哲学，包括《易经》和禅宗的影响，其作品的内容及形式先锋性、实验性的背后，是他对东方哲学的理解和探索。阅读这两册书，我们得以窥见一位神奇人物的内心世界和哲学思考。遗憾的是，该书还没有中文版。

◉ 《山川纪行：臧穆野外日记》

该书是已故真菌学家臧穆先生于1975—2000年，参加中国第一次青藏高原综合科学考察期间，在喜马拉雅及云贵地区的野外科考日记。全书52万字，包括臧穆手绘插图390幅，优美的手绘与雅正的文字共同写就"第三极"瑰奇雄阔的风情长卷。日记内容包罗万象，涵盖真菌、植物、生态、地理、民俗、文化、历史等多个方面，堪称"当代徐霞客游记"。

臧穆是一位在真菌学领域立下开创之功、享有国际盛誉的大家。他于1975年第一次入藏，就是为了考察真菌。他的野外科考日记，也始于这一年。臧穆独树一帜，开创了中国西南地区高等真菌综合研究之先河，在许多类群的专题研究上均取得了重要突破。

和一般的科考手记不同，《山川纪行》的文笔极为简练、生动，比如他写高黎贡山姚家坪云海的这一段文字："而近姚家坪方向的河谷，云渐退出峰尖，群峦现顶，云海沉谷，白云如潮，群山如画。顷刻，雾驱云散，远观群山绿一片、翠一片，苍苍茫茫，难得露出真面目。5时半，云从脚底生，雾从耳边来，漫山遍野。须臾，云涌如海，雾卷似浪，山也模糊，树也不见，整个垭口又沉在云雾缭绕之中，又位于天上人间了。"

在这本书里，我们可以领略到自然之美之博大，正如他所说："自然之奇妙，高原之雄伟，常会感到自己很渺小，人认识的东西总是局部的，而大千世界则无穷尽，无奇不有。自然之美，博大至极！"

● 《试论蘑菇痴儿》（*Essay on a Mushroom Maniac*）

彼得·汉德克（Peter Handke，1942— ）是当代奥地利的优秀作家，也是当今德语乃至世界文坛的重磅作家，2019年被授予诺贝尔文学奖。

他的另一个身份，是资深的蘑菇爱好者。"大家知道我爱蘑菇成痴，蘑菇真的是美好的事物。我搭飞机无聊或动弹不得的时候，不管是在飞机上还是在机场，我都会想说，等我到家，回到平淡的小世界，一切就会变好。这是解脱——从差劲、算计、科技的世界跳脱。"在纪录片《彼得·汉德克：我在森林，也许迟到……》（2016年）的开头，彼得·汉德克如是说。

彼得·汉德克是如此熟悉和喜欢蘑菇，以至于专门写了一部小说《试论蘑菇痴儿》。这部小说创作于2012年，颇具自传色彩。故事的讲述者是"我"，主角是他的朋友——蘑菇痴儿。"一个已经发生的故事，一个我时而也在近前共同经历过的故事。"显而易见，这个按时间顺序讲述的"蘑菇痴儿"的故事，也是汉德克自身生命的投射。

成熟后即将散发孢子粉末的彩色豆马勃，柳开林摄（云南楚雄）

故事开始于"蘑菇痴儿"童年时候小小的村间蘑菇交易市场，然后是他的大学时光，然后是律师生涯，围绕着他对蘑菇的认识、痴迷、迷失和回归展开。

有时在秋天，在返回上大学的城里之前，他会从像童年时一样依然钟爱的、被他看成"发源地"的森林边缘带回那种巨型蘑菇，它们通常长着比盘子还大的蘑菇顶，以及又高又嫩的菌柄，被称为"伞菌"或"高大环柄菇"：这时，母亲就不再假装高兴，而是惊讶地盯着这玩意儿，因为它相比其他蘑菇更为稀奇罕见，也可能因此更加美丽。她将蘑菇顶裹上蛋清和面包屑，在平底锅里煎成一块类似于炸猪排的东西，然后端到儿子和全家人面前，让大家感到无与伦比地喜悦。

"我是如此幸运，一生都是！我一再迷失过，时而痛苦，时而美妙。美好的迷失！正说着，他踩中了草丛边一朵熟透的、满是窟窿的马勃菌，一下子从中冒出褐色粉末状的烟尘，像是踩在冬天到来之前活动的门槛上。"

02

本书主要菌子名称索引

　　大型真菌（菌子）的分布遍及世界各地，不同地域有不同的文化及习俗，同一种类有不同的称呼，这就给知识的积累和交流带来了极大的障碍。为了解决这一问题，瑞典生物学家卡尔·冯·林奈于1753年创立了"双名法"以命名生物物种，即拉丁名。菌物拉丁名由单个或两到三个拉丁词组成。单个拉丁词表示一个分类群的名称，如属或属以上的分类群。两个拉丁词组成的正式名是种的名称，也被称为种名或种加词，第一个词是属名，首字母大写；第二个词为种加词，首字母小写。种加词的后面还要加上命名人的姓或名的规范写法。

（按照汉语拼音顺序排列）

序号	中文正式名	拉丁名	俗名/别名	备注
1	暗褐脉柄牛肝菌	*Phlebopus portentosus (Berk&Broome)* Boedijin	黑牛肝	可栽培
2	暗褐网柄牛肝菌	*Retiboletus fuscus* (Hongo) N.K.Zeng&Zhu L.Yang	酸牛肝/酸木碗	
3	奥氏蜜环菌	*Armillaria ostoyae* (Romagn.) Herink	榛蘑	
4	白鹅膏	*Amanita verna* (Bull.:Fr.) Pers.ex Vitt.	白毒伞	剧毒
5	白牛肝菌	*Boletus bainiugan* Dentinger	白香菌/大脚菇	相似种：欧洲美味牛肝菌
6	杯瑚菌	*Clavicorona pyxidata* (Pers. : Fr.) Doty	杯冠瑚菌	

续表

序号	中文正式名	拉丁名	俗名/别名	备注
7	北方密环菌	*Armillaria cf.borealis* Marxm. & Korhonen	榛蘑	与蜜环菌形态相似
8	变绿红菇	*Russula virescens* (Schaeff.)Fr	青头菌	
9	彩色豆马勃	*Pisolithus tinctorius* (Pers.) Coker&Couch	香泡子/豆包菌	
10	糙皮侧耳	*Pleurotus ostreatus* (Jacq. : Fr.)Kummer	平菇/蚝菇	侧耳包含多个可栽培品种
11	茶褐新牛肝菌	*Neoboletus brunneissimus* (W.F.Chiu) Gelardi *et al.*	黑牛肝菌/黑过/黑木碗/黑见手/猫眼菌	
12	茶薪菇	*Agrocybe cylindracea* (N.L.Huang)Q.M.Liu *et al.*	茶树菇	可栽培
13	橙盖鹅膏菌	*Amanita caesarea* (Scop.) Pers. 1801	恺撒菇/ovolo/cocco	欧洲著名食用菌
14	橙黄蜡蘑	*Laccaria aurantia* Popa *et al.*	黄皮条菌	
15	匙盖假花耳	*Guepinia spathularia* (Schw.) Fr.	桂花耳/桂花菌	
16	刺芹侧耳	*Pleurotus eryngii* (DC.) Quél.	杏鲍菇/王者蚝菇	
17	大白桩菇	*Leucopaxillus giganteus* (Sow.exFr.)Sing.	雷蕈/口蘑	
18	大肥蘑菇	*Agaricus bitorquis* (Quél.) Sacc.	大肥菇/美味蘑菇/双环蘑菇	可栽培
19	大球盖菇	*Stropharia rugosoannulata* Farl. ex Murrill	赤松茸	可栽培
20	点柄乳牛肝菌	*Suillus granulatus*(L. Ex Franch.)Ktze.	松蘑/黏团子	有微毒
21	冬菇	*Flammulina velutipes* (Curtis) Singer	金针菇/构菌/毛柄金钱菌/冻菌/毛病小火焰菇	可栽培
22	毒鹅膏菌	*Amanita phalloides* Secr. 1833	死帽蕈（ Death Cap ）/致命鹅膏（ Deadly Amanita ）	剧毒

续表

序号	中文正式名	拉丁名	俗名/别名	备注
23	毒蝇鹅膏菌	*Amanita muscaria* (L.:Fr.) Pers. ex Hook	蛤蟆菌/毒蝇伞	致幻毒性
24	短柄红菇	*Russula brevipes* Peck	石灰菌/背土菌	
25	多脂鳞伞	*Pholiota adiposa* (Batsch) P. Kumm.	柳蘑	可栽培
26	粉紫香蘑	*Lepista personata* (Fr.:Fr) Sing.	烫紫蘑/Field Blewit	
27	茯苓	*Pachyma hoelen* Fr.	茯神	中药，可栽培
28	干巴菌	*Thelephora ganbajun* M.Zang	云彩菌	
29	高大环柄菇	*Macrolepiota procera* (Scop.) Singer	棉花菇/阳伞蘑菇	
30	荷叶离褶伞	*Lyophyllum decastes* (Fr.:Fr.) Sing.	一窝菌/北风菌	
31	褐环乳牛肝菌	*Suillus luteus* (L.) Roussel		有微毒
32	黑木耳	*Auricularia heimuer* F.Wu et al.	木耳	可栽培
33	红汁乳菇	*Lactarius hatsudake* Nobuj. Tanaka	铜绿菌/紫花菌/寒菌/锈菌	乳菇属
34	黄蜡鹅膏	*Amannita kitamagotake* N. Endo&A.Yamada	鸡蛋菌/黄罗伞/九月黄	
35	灰肉红菇	*Russula griseocarnosa* X.H. Wang et al.	大红菌/胭脂菌/红菇（蕈）	
36	灰树花菌	*Grifola frondosa* (Dicks.) Gray	栗蘑/舞茸	可栽培
37	鸡油菌	*Cantharellus applanatus* D.Kumari *et al.*	狐狸菌	
38	假根蘑菇	*Agaricus bresadolianus* Bohus		
39	假稀褶多汁乳菇	*Lactifluus pseudohygrophoroides* H.Lee&Y.W.Lim	红奶浆菌	

序号	中文正式名	拉丁名	俗名/别名	备注
40	金顶侧耳	*Pleurotus citrinopileatus* Singer	榆黄蘑/玉皇蘑	可栽培
41	晶盖粉褶菌	*Entoloma clypeatum f. clypeatum* (L.) P. Kumm.	杏树菇/杏蘑	
42	晶粒小鬼伞	*Coprinus micaceus* (Bull.) Fr.	晶鬼伞/狗尿苔	
43	卷边桩菇	*Paxillus involutus* (Batsch) Fr. 1838		有些人会出现溶血性中毒
44	枯皮枝瑚菌	*Ramaria ephemeroderma* R.H. Petersen&M.Zang	刷把菌/扫帚菌/佛手菌	珊瑚菌包含多个品种
45	宽鳞大孔菌	*Favolus squamosus* (Huds. ex Fr.)Am es		幼时可食
46	喇叭陀螺菌	*Gomphus floccosus* (Schw.) Sing.	喇叭菌/四川疣钉菇	对有些人有毒，会导致拉肚子
47	兰茂牛肝菌	*Lanmaoa asiatica* G.Wu & Zhu L. Yang	红牛肝菌/红过/红见手	须熟透，否则会致幻
48	蓝黄红菇	*Russula cyanoxantha* (Schaeff.) Fr.	母赭青	
49	蓝紫蜡蘑	*Laccaria moshuijun* F.Popa & Zhu L. Yang	紫皮条菌	
50	鳞柄白鹅膏	*Amanita virosa* Bertill.	毁灭天使（Destroying Angel）	剧毒
51	灵芝	*Ganoderma lingzhi* Sheng H. Wu *et al.*	灵芝	包含多个品种，可栽培
52	卵孢小奥德蘑	*Oudemansiella raphanipes* (Berk.) Pegler&T. W.K.Young	露水鸡枞	可栽培，商品名：黑皮鸡枞
53	裸盖菇	*Psilocybe* sp.	神圣蘑菇（Magic mushroom）	有毒致幻
54	毛头鬼伞	*Coprinus comatus*(Mull.:Fr.)Gray	鸡腿菇/律师的假发/摩菇蕈/菰菌	可栽培

续表

序号	中文正式名	拉丁名	俗名/别名	备注
55	玫黄黄肉牛肝菌	*Butyriboletus roseoflavus* (Hai B.Li&Hai L.Wei) D.Arora&J.L.Frank	白葱/白见手	需熟透,否则会致幻
56	美丽褶孔牛肝菌	*Phylloporus bellus*(Mass.) Corner	荞粑粑菌	对有些人有毒
57	美味牛肝菌	*Boletus edulis* Bull.: Fr.	Porcini/白蘑菇	
58	蒙古白丽蘑	*Leucocalocybe mongolica* S.Imai	蒙古口蘑/蘑菇/沙菌	
59	蜜环菌	*Armillaria mellea* (Vahl) P. Kumm.	榛蘑/意大利叫 famigliola buona(神圣家庭)	
60	墨染离褶伞	*Lyophyllum semitale* (Fr.) Kohner	九月菇	
61	墨汁拟鬼伞	*Coprinopsis atramentaria* (Bull.)Redhead et al.	鬼盖/酒鬼毒药	最新记载有毒
62	木蹄层孔菌	*Fomes fomentarius* (L.:Fr.) Fr	火绒菌	可入药
63	拟橙盖鹅膏菌	*Amanita caesareoides Lj.* N. Vassiljeva	鸡蛋菌	
64	拟血红新牛肝菌	*Neoboletus sanguineoideas* (G.Wu & Zhu L. Yang) N.K.Zeng et al.	见手青/红见手	须熟透,否则会致幻
65	翘鳞肉齿菌	*Sarcodon imbricatus*(L.) P. Karst.	虎掌菌/獐子菌	
66	青黄红菇	*Russula olivacea* (Schaeff.) Fr.	黄褐红菇	
67	绒毛多汁乳菇	*Lactarius echinatus*(Thiers) De Crop	白奶浆菌	
68	肉色香蘑	*Lepista irina* (Fr.) Bigelow	肉色花脸蘑	
69	撒旦牛肝菌	*Boletus satanas* Rostk	魔牛肝菌	有毒
70	双孢蘑菇	*Agaricus bisporus* (J.E.Lange) Imbach	口蘑/双孢菇	

续表

序号	中文正式名	拉丁名	俗名/别名	备注
71	松口蘑	*Tricholoma matsutake* (S. Ito & S. Imai) Singer	松茸/药鸡㙡	北美洲有白松茸
72	松露	*Tuber*	猪拱菌	包含多个品种
73	松乳菇	*Lactarius deliciosus* (L.) Gray	谷熟菌/紫花菌	
74	秃马勃	*Calvatia gigantea* (Batsch : Fr.)Lloyd	巨马勃/马粪包	
75	网盖牛肝菌	*Boletus reticuloceps* (M.Zang et al.) Q.B.Wang & Y.J.Yao	核桃菌	
76	网纹马勃	*Lycoperdon perlatum* Pers	灰包菌/马屁包	
77	稀褶黑菇	*Russula nigricans* Fr.	火炭菌/发黑脆褶 (Blackening Brittlegill)	
78	香杏丽蘑	*Calocybe gambosa* (Fr.) Sing.	天花蕈/圣乔治菇	
79	香蕈	*Lentinula edodes* (Berk.) Pehler	香菇/花菇	可栽培
80	小果鸡㙡	*Termitomyces microcarpus*(Berk. &Broome) R.Heim	鸡㙡娘娘	
81	血红铆钉菇	*Chroogomphis rutilus* (Schaeff.:Fr.)O.K.Miller	肉蘑	
82	亚靛蓝乳菇	*Lactarius subindigo* Verbeken & E.Horak		
83	亚高山松苞菇	*Catathelasma subalpinum* Z.W.Ge	老人头菌	
84	羊肚菌	*Morchella esculenta* (L.) Pers.	羊肚蘑/羊肚菜	
85	有毒新牛肝菌	*Neoboletus venenatus* (Nagas.) G. Wu & Zhu L. Yang	毒牛肝/番肠菌	

续表

序号	中文正式名	拉丁名	俗名/别名	备注
86	榆耳	*Gloeostereum incarnatum* S. Ito & S. Iami	榆肉	可栽培
87	直柄铦囊蘑	*Melanoleuca strictipes* (P.Karst.) Jul. Schaeff.		
88	中国美味蘑菇	*Agaricus sinodeliciosus* Zhuo R. Wang & R.L. Zhao		
89	中华鹅膏菌	*Amanita sinensis* Zhu L. Yang	麻母鸡	
90	皱盖牛肝菌	*Rugiboletus extremiorientalis* (Lj.N.Vassiljeva) G.Wu&Zhu L. Yang	黄牛肝/香老虎/黄癞头	
91	朱细枝瑚菌	*Ramaria rubriattenuipes* R.H. Petersen&M.Zang	刷把菌	
92	竹荪	*Phallus rubrovolvatus* (M.zang et al.) Kreisel	雪裙仙子	可栽培
93	柱形鸡枞	*Termitomyces eurhizus/ bulborhizus/globulus*	鸡宗/鸡塅（葼）	包含多种类型
94	锥鳞白鹅膏	*Amanita virgineoides* Bas		有毒
95	紫丁香蘑	*Lepista nuda*（Bull） Cooke		可栽培
96	紫褐牛肝菌	*Boletus violaceofuscus* W.F.Chiu	紫牛肝	
97	棕灰口蘑	*Tricholoma terreum* (Schaeff.)P. Kumm.	灰蘑/灰骑士grey knight	

后记：菌子与互联网

"是真的吗？"

当我告诉朋友们，我在写一本关于云南菌子（野生蘑菇）主题的作品时，大家的反应相当意外和惊奇。因为一直以来，我给多数人的印象，是互联网、金融、数字化这些时髦科技领域的从业者和创业者。当我在 2022 年 5 月的某天，因众所周知的原因被困在北京的家中，心血来潮打算写这本书的时候，这个决定显然是临时的。

然而，菌子的世界于我而言再熟悉不过。从记事起，每年夏天我都会跟在大人或长辈屁股后面上山拾菌子；后来长大了一些，认识菌子也认识山路之后，就自己上山拾菌子。拾菌子在我的记忆中，就像临做饭前到家门口的菜地里拔几棵菜一样，是很自然的事。这个过程一直持续到我离开云南到北京上大学，然后戛然而止。大学暑假几乎不回家，因为没钱坐飞机，而坐火车要经历三四十个小时的硬座——过道里都是腿，座位底下都是人，上厕所需要穿越几十米长的人墙，那痛苦只有寒假回家过年，我才愿意忍受一次。毕业之后像只工蜂一样地工作，就更没有时间和机会在夏天回家了。菌子好像被我遗忘了。

2016 年 8 月，当我相隔十多年再次踏入老家的山林，菌子出现在眼前的那一刻，所有熟悉的感觉就都回来了。菌子仿佛没有长大，也不会离去。后来我才知道，菌子的生命其实比人更古老，真菌在地球上的生命史，也比人类更长久。大部分野生菌和树木的根系彼此依托，是一种共生的关系，这就意味着，只要周边自然环境不发生巨大的变化，菌子就会永远在那里。菌丝在地下结成一张网潜伏着，等待来年夏天的一声惊雷和雨水的滋润，将它们从杂草及树叶覆盖的泥土里召唤出来，在隐秘的角落里冒出五彩缤纷、成群结队的小精灵。

直到最近几十年，科学家才发现正是真菌将单独的树木连成了彼此连通的森林，而这一活动已经持续了数亿年。没错，菌子会在地下结成一张庞大的菌根网络，就像互联网一样，传递着能量和信息。著名的森林生态学家苏珊娜·西马德（Suzanne Simard）将这种树木—真菌共生的地下网络称为树维网（Wood Wide Web）。这张自由而充满造物力量的网络，滋养着整片森林，就像当初信仰和主张自由与创造的万维网（World Wide Web）比特精灵激活了整个原子世界一样。然而菌子的网络不会被垄断，不会奴役人类，也不会盗取和偷窥人类隐私。菌子虽然也令人着迷，像彼得·汉德克笔下所写的"蘑菇痴儿"那样，但菌子不会让人沉溺其中消耗青春及生命，成为数字化奴隶。互联网科技曾经带来美好，如今却与其精神背道而驰。也许不该批判科技，需要反思的是人。作为曾经的从业者，科技、互联网与菌子之间的相似及不同，让我开始思考科技何为，生命何为。互联网可能会消失，但是菌子不会。这样的思考只是一个开始，因为我还没有答案。

带着这样的思考，我开始研究古今中外的人如何认识菌子，以及菌子在不同时期人们的生活中扮演的角色。我发现自己不是第一个这样做的人，尤其当我读到《蘑菇、俄国及历史》这部著作的时候。虽然这本书极其小众，但它能穿越时空被我发现，证明了冥冥中自有一股力量连接着一切。我阅读了能查阅到的几乎所有关于菌子的史料，以及历代有心人的相关著作。我发现，当你想搞清楚一个主题时，各种信息就会向你靠近，它们纷至沓来，绵绵不绝。阅读前人的各种著作，就像在和他们对话、向他们学习——他们的智慧成了我的智慧。这是一个非常有意思，也很有意义的过程。经此过程，我也发现：写作不但是一种高效学习的方式，更是一种探索内在与外在世界的极佳途径。

除了供职于中国某互联网巨头期间完成四年商业作品的写作外，

我并没有过真正的创作经验。为了这个吹出去的牛，我对自己使用了互联网老板们喜欢用的OKR（Objectives and Key Results）目标管理法：定下写作目标，分解主题及子主题，然后日复一日地执行。还好，写作是为数不多能自我掌控的事情。在家人的鼓励和支持下，我可以心无旁骛、自由自在地埋头创作。历时两百余天，当十月的最后一天到来的时候，我的第一部真正意义上的个人作品的最后一篇终于完成。

巧合的是，这个时候疫情又起，与我决定做这件事情时的情形一样。疫情、菌子、互联网这三个看似风马牛不相及的事物，就这样以如此奇异的机缘缠绕在了一起。其实三者的世界原本就是一体的，只不过有时候人们忘了，直到有机会停下来驻足林间，仔细端详这些美丽的精灵，并回味它们的传奇和故事。

致谢

本书文稿接近完成的时候，我把某些篇章发给朋友们看，得到了不少鼓励和肯定。为了将自认为很有意思的东西传递给更多人，我开始谋求著作的正式出版。围绕着这个目标，我发起了出版人赞助邀请计划，希望得到对菌子感兴趣，想参与一件有意思、有意义的事情的朋友们的支持。幸运的是，我得到了。

在此，我要对以下朋友表示真诚的感谢，他们是赵连海、马胜华、孙睿、宋娇、高梓宜、于宾、陈伟、王竞豪、李召华、王科宇、张云鹏、欧阳柳、徐冰、陶宏、韩煜、秦明柳、张志敏、张青青、陈硕、关有民、柳开禄、马玥、张卓雅、侯舒曼、贠倩梅、李志强、喻小兰、黎曼曼、韩宗良、李桓毅、颜明煌。他们用这种形式特别的支持，给了我这个新手莫大的鼓舞。

作为第一位超级读者，我的大学同学谭亚自始至终都在为每一篇章提供建议和反馈，让本书很多地方的行文更加严谨、合理、流畅。她用宝贵的时间和精力浇灌着这本书从一个创意到成为作品的全过程，本书也是我们同窗友谊的见证。我的两位大学老师王明辉和胡少卿教授，一开始就鼓励我的写作计划，并提供了关于写作角度的宝贵建议。在写作过程中，颜明煌、来晴翠和雷嘉雯帮助搜集了不少难得一见的有关真菌文化的外文资料，本书因此也具备了全球视野。

此外，我要特别感谢我在北京的好邻居宋娇，是她带我见识了北京独具特色而又丰富的野生菌世界，因为她我才知道了中国北方也有深厚的食菌文化及传统。也是在她的推荐下，我结识了知名的菌类科普博主"赶尾人"（张子寒），他年轻、有趣，在真菌分类学方面更是博学且严谨，他为本书内容涉及的学术名称提供了宝贵的反馈建议，他还向我推荐了中科院昆明植物研究所的真菌分类专业博士王庚申，为本书的学术严谨性把关。我还要感谢B站广受欢迎的UP主"泡泡的梦想家园"，作为菌子科普界深受好评的主播，她为本书在真菌学方面的内容提供了最新的资料，还特别提供了漂亮的鹅膏菌照片。

我一直有个愿望，希望找到汪曾祺名篇《昆明的雨》开头描写的那幅画，作为本书的重要插图，因为这幅画太重要了，却从未公开出版。在我的朋友、出版人周青丰的帮助下，几经周折，我得到了汪曾祺后人汪朗先生和远在美国的巫宁坤后人巫一村先生的支持。我还得到了中科院昆明植物研究所杨祝良老师和吉林大学图力古尔老师的帮助，这两位都是中国菌类学界的宗师级人物，他们分别为我提供了珍贵的牛肝菌照片和蒙古白丽磨照片。这几位前辈的慷慨和热诚令人感动。

本书能够出版，还有赖于出版品牌"未读"及本书编辑。因为她的慧眼，本书才能进入出版计划和编辑流程。她不但为本书的文字结构提出了细致的修改建议，还为图片的完善提供了诸多支持，没有她就不会有本书的顺利出版。而作为一线互联网公司年轻产品从业者的王科宇，为本书创作了漂亮的插画，也为这部作品增色不少。为本书贡献精彩图片的朋友，还有来自波兰的邱韩、来自南非的海波，以及来自日本的"梅紫苏昆布茶"，在此一并感谢。

最后的感谢，要留给我的爱人赵小姐。没有她对我"不务正业"的写作计划的无条件支持，以及对我创作理念的认可，这部作品就不可能诞生。

参考资料

1. 钦定《古今图书集成·博物汇编·草木典》电子版，http://www.guoxuemi.com/gjtsjc，中华书局影印版，1934年

2. 芦笛，《菌谱》的校正，刊载于《浙江食用菌》2010年18期；明代潘之恒《广菌谱》的校正和研究，刊载于《食药用菌》2012年第20期；清代吴林《吴蕈谱》校正和研究，收录于《苏州文博论丛》2012年（总第3辑），文物出版社

3. 陈士瑜，《名人与菌》，《食用菌》杂志1994年第3、4、6期及1995年第1、2、4、5期

4. 李永芳，《〈永昌府文征·诗录〉与云南食菌文化考论》，《玉溪师范学院学报》2018年11期

5. 魏水华，《国家蘑菇地理》，发表于公众号"食味艺文志"，2020年7月17日

6. 兰茂，《滇南本草》，云南科技出版社，2004年

7. 徐霞客，《徐霞客滇游日记》，云南人民出版社，2017年

8. 张志淳，《南园漫录》，云南民族出版社，1999年

9. 林洪，《山家清供》，百花文艺出版社，2019年

10. 李渔，《闲情偶寄》，江苏凤凰科学技术出版社，2018年

11. 袁枚，《随园食单》，中华书局，2010年

12. 汪曾祺，《人间滋味》，天津人民出版社，2014年

13. [日]毛利元寿，《梅园菌谱》，1836年手稿本影印版，东京图书馆藏

14. 裘维蕃，《菌物世界漫游》，清华大学出版社，2000年

15. 臧穆，《山川纪行：臧穆野外日记》，江苏凤凰科学技术出版社，2021年

16. 杨祝良等，《中国西南地区常见食用菌和毒菌》，科学出版社，2021年；杨祝良等，《云南野生菌》，科学出版社，2022年；杨祝良，《中国鹅膏科真菌图志》，科学出版社，2015年

17. 图力古尔主编，《蕈菌分类学》，科学出版社，2018年

18. 李玉、李泰辉、杨祝良、图力古尔、戴玉成编著，《中国大型菌物资源图鉴》，2015年版，中原农民出版社

19. [法]布里亚-萨瓦兰，《厨房里的哲学家》，译林出版社，2017年

20. [美]罗安清，《末日松茸》，华东师范大学出版社，2020年

21. [美]瓦莲京娜·帕夫洛夫娜·沃森、高登·沃森，《蘑菇、俄国及历史》（*Mushrooms, Russia and History*），纽约，Pantheon Books 出版，1957年

22. [美]高登·沃森，《索玛：不朽的圣菇》（*Soma : Divine Mushroom of Immortality*），Harcourt Brace Jovanovich, Inc，1968年

23. [美]迈克尔·波伦，《杂食者的两难》，中信出版社，2017年

24. [美]戴夫·德威特，《达·芬奇的秘密厨房》，电子工业出版社，2015年

25. [美]约翰·凯奇，《约翰·凯奇：一位菌类搜寻者》（*John Cage: A Mycological Foray*），阿特利耶出版社，2020年

26. [挪威]龙·利特·伍恩，《寻径林间：关于蘑菇和悲伤》，商务印书馆，2022年

27. [美]蕾切尔·劳丹，《美食与文明：帝国塑造烹饪习俗的全球史》，民主与建设出版社，2021年

28. [英]彼得·罗伯茨、谢利·埃文斯，《蘑菇博物馆》，北京大学出版社，2017年

29. [加]苏珊娜·西马德，《森林之歌》，中信出版社，2022年

食菌记

柳开林 著

图书在版编目（CIP）数据

食菌记 / 柳开林著. -- 北京 : 北京联合出版公司，
2023.8（2024.7 重印）
ISBN 978-7-5596-7118-9

Ⅰ.①食… Ⅱ.①柳… Ⅲ.①食用菌—普及读物
Ⅳ.① S646-49

中国国家版本馆 CIP 数据核字 (2023) 第 122391 号

选题策划	联合天际·文艺生活工作室
责任编辑	牛炜征
特约编辑	张雅洁
装帧设计	@broussaille 私制
美术编辑	程 阁

出　　版	北京联合出版公司
	北京市西城区德外大街 83 号楼 9 层 100088
发　　行	未读（天津）文化传媒有限公司
印　　刷	北京雅图新世纪印刷科技有限公司
经　　销	新华书店
字　　数	163 千字
开　　本	700 毫米 ×980 毫米　1/16　17.5 印张
版　　次	2023 年 8 月第 1 版　2024 年 7 月第 3 次印刷
I S B N	978-7-5596-7118-9
定　　价	88.00 元

关注未读好书

客服咨询